聪明宝宝怎么吃

王 晶 左小霞 —————— 编著

全国百佳图书出版单位
中国中医药出版社
·北 京·

图书在版编目（CIP）数据

聪明宝宝怎么吃 / 王晶，左小霞编著 . —北京：
中国中医药出版社，2024.1
ISBN 978 - 7 - 5132 - 8427 - 1

Ⅰ . ①聪⋯　Ⅱ . ①王⋯②左⋯　Ⅲ . ①婴幼儿－保健
－食谱　Ⅳ . ① TS972.162

中国国家版本馆 CIP 数据核字（2023）第 186315 号

中国中医药出版社出版

北京经济技术开发区科创十三街 31 号院二区 8 号楼
邮政编码　100176
传真　010-64405721
北京盛通印刷股份有限公司印刷
各地新华书店经销

开本 889 × 1194　1/24　印张 12　字数 353 千字
2024 年 1 月第 1 版　2024 年 1 月第 1 次印刷
书号　ISBN 978 - 7 - 5132- 8427 - 1

定价　59.80 元
网址　www.cptcm.com

服 务 热 线　**010-64405510**
购 书 热 线　**010-89535836**
维 权 打 假　**010-64405753**

微信服务号　**zgzyycbs**
微商城网址　**https://kdt.im/LIdUGr**
官 方 微 博　**http://e.weibo.com/cptcm**
天猫旗舰店网址　**https://zgzyycbs.tmall.com**

如有印装质量问题请与本社出版部联系（010-64405510）

前言

　　从得知宝宝到来的兴奋到怀胎十月的日日期盼，虽然还未与宝宝见面，但爸爸妈妈对宝宝的爱却在想象与现实间一日浓于一日，最后在宝宝落地的啼哭声中升华为浓浓的幸福。看着眼前这个肉嘟嘟的小不点，相信每对父母都想把所有最好的东西给他！

　　与此同时，父母心中也常常会有一个疑问：宝宝应该怎样喂养才能健康聪明？这个疑问承载了父母对宝宝纯粹简单的爱。

　　带着为新手爸妈解答宝宝喂养过程中诸多疑问的初衷，我编撰了这本《聪明宝宝怎么吃》。本书参考《中国居民膳食指南（2022）》中的"婴幼儿喂养指南"，手把手教新手爸妈如何科学喂养宝宝，帮助新手爸妈养育出健康又聪明的宝宝。

　　全书共分六章，囊括了宝宝喂养的多维度问题与解决方案：同步喂养按月速查、健康辅食、一日三餐营养食谱、最爱的食物、功能食谱及小儿疾病调养食谱。

　　本书根据宝宝成长阶段的不同，给出适用于不同阶段的喂养方案，并配有食材好买、做法简单的食谱示例。全书语言风格轻松，文字浅显易懂，爸爸妈妈们一看就明白！

　　愿本书陪伴您喂养宝宝的每一天，与您一起见证宝宝咿呀学语、蹒跚学步的欣喜时刻，更愿宝宝健康长大，让本书盛满爱和浓浓的幸福回忆！

目　录

第一章　聪明宝宝同步喂养按月速查
宝宝饮食最佳方案

第1个月新生儿同步喂养方案　　　2
宝宝的营养需求　　　2
专家建议　　　2
哺喂课堂　　　3
健康妈妈一日营养计划　　　3
聪明宝宝一日营养计划　　　3
新妈妈催乳药膳　　　4
黄豆猪蹄汤 / 鸡丝豌豆汤 / 丝瓜络煮对虾 /
山药乌鸡汤

第2个月宝宝同步喂养方案　　　6
宝宝的营养需求　　　6
专家建议　　　6
哺喂课堂　　　7
健康妈妈一日营养计划　　　7
聪明宝宝一日营养计划　　　7

新妈妈催乳食谱　　　8
小米红糖粥 / 鲫鱼豆腐汤 / 萝卜丝鲫鱼汤 /
参须红枣鸡汤

第3~4个月宝宝同步喂养方案　　　10
宝宝的营养需求　　　10
专家建议　　　10
哺喂课堂　　　10
健康妈妈一日营养计划　　　11
聪明宝宝一日营养计划　　　11
新妈妈催乳食谱　　　12
银耳木瓜排骨汤 / 山药鱼头汤 / 黑芝麻燕麦糊 /
花生猪蹄浓汤

第5~6个月宝宝同步喂养方案　　　14
宝宝的营养需求　　　14

专家建议 14

哺喂课堂 15

母乳储存时间表 15

聪明宝宝一日营养计划 16

聪明宝宝营养食谱 17

大米糊 / 绿豆汤 / 苹果汁 / 油菜汁 / 米粉 /
饼干粥

第7~9个月宝宝同步喂养方案 20

宝宝的营养需求 20

专家建议 20

哺喂课堂 20

聪明宝宝一日营养计划 21

聪明宝宝营养食谱 22

红薯泥 / 猪肝泥 / 蔬菜面 / 南瓜粥

第10~12个月宝宝同步喂养方案 24

宝宝的营养需求 24

专家建议 24

哺喂课堂 25

聪明宝宝一日营养计划 25

聪明宝宝营养食谱 26

玉米肉圆 / 水果蛋羹 / 鲜汤小饺子 /
胡萝卜小鱼粥

1~1.5岁宝宝同步喂养方案 28

宝宝的营养需求 28

专家建议 28

哺喂课堂 29

聪明宝宝一日营养计划 29

聪明宝宝营养食谱 30

双色饭团 / 小白菜丸子汤 / 水果豆腐 /
奶汁西蓝花

1.5~2岁宝宝同步喂养方案 32

宝宝的营养需求 32

专家建议 32

哺喂课堂 33

聪明宝宝一日营养计划 33

聪明宝宝营养食谱 34

果酱松饼 / 菠菜肉羹 / 熘鱼片 / 鸡肉烧金针菇

2~3岁宝宝同步喂养方案 36

宝宝的营养需求 36

专家建议 36

哺喂课堂 37

聪明宝宝一日营养计划 37

聪明宝宝营养食谱 38

玲珑牛奶馒头 / 白灼虾 / 鲜果色拉 /
清煮嫩豆腐

第二章 聪明宝宝的健康辅食
与母乳同样重要

制作辅食所需的厨具　　　　　　　42

辅食食材冷冻储存要点　　　　　　43

自己动手制作天然调味料　　　　　43

第5个月添加流质辅食　　　　　　44

辅食种类　　　　　　　　　　　　44

辅食烹饪要点　　　　　　　　　　44

辅食添加要点　　　　　　　　　　44

辅食添加疑问解答　　　　　　　　45

流质辅食推荐　　　　　　　　　　46

大米汤 / 挂面汤 / 玉米汁 / 南瓜汁 / 小白菜汁 /

西瓜汁 / 玉米面粥 / 南瓜米糊

第6个月添加吞咽型辅食　　　　　50

辅食种类　　　　　　　　　　　　50

辅食添加要点　　　　　　　　　　50

辅食烹饪要点　　　　　　　　　　51

辅食添加疑问解答　　　　　　　　51

吞咽型辅食推荐　　　　　　　　　52

蛋黄泥 / 香蕉粥 / 菜花米糊 / 圆白菜米糊 /

玉米米糊 / 土豆米糊 / 花生米糊 / 糯米糊

第7~9个月添加蠕嚼型辅食　　　　56

辅食种类　　　　　　　　　　　　56

辅食添加要点　　　　　　　　　　56

辅食烹饪要点　　　　　　　　　　57

辅食添加疑问解答　　　　　　　　57

蠕嚼型辅食推荐　　　　　　　　　58

油菜土豆粥 / 青菜烂粥 / 芋头玉米泥 / 核桃牛奶 /

茄子泥 / 肉末蛋羹 / 白萝卜鸡肉泥 /

菠菜鸡肝泥

第10~11个月添加细嚼型辅食　　　62

辅食种类　　　　　　　　　　　　62

辅食添加要点　　　　　　　　　　62

辅食烹饪要点　　　　　　　　　　63

辅食添加疑问解答　　　　　　　　63

细嚼型辅食推荐　　　　　　　　　64

香菇蒸蛋 / 鸡蓉汤 / 海带细丝小丸子 / 鳕鱼面条 /

菠菜排骨面 / 栗子蔬菜粥 / 红薯拌南瓜 /

水果杏仁豆腐羹

1岁以后添加咀嚼型辅食   68

辅食种类   68

辅食添加要点   68

辅食烹饪要点   69

辅食添加疑问解答   69

咀嚼型辅食推荐   70

三鲜小馄饨 / 香菇鸡肉粥 / 海带黄瓜饭 / 蔬菜饼 /

圆白菜炒粉丝 / 蘑菇奶油烩青菜 / 牡蛎煎蛋 /

韭菜炒鸭肝

第三章 宝宝一日三餐营养食谱
最贴心的配餐指导

宝宝的一日三餐应该怎么吃   76

双休日宝宝的三餐仍要定时定量   77

宝宝吃饭时不能做的三件事   77

营养早餐   78

套餐 1　适合8个月以上的宝宝   78

胡萝卜芹菜粥 / 炖鱼泥

套餐 2　适合2岁以上的宝宝   79

茴香鸡蛋包子 / 拌海带

套餐 3　适合2岁以上的宝宝   80

豆沙包 / 白菜肉片汤

套餐 4　适合1.5岁以上的宝宝   81

南瓜拌饭 / 鲜蘑菇炒豌豆

套餐 5　适合1.5岁以上的宝宝   82

排骨汤面 / 香菇炒蛋

套餐 6　适合1岁以上的宝宝   83

番茄汁烩肉饭 / 虾皮黄瓜汤

丰盛午餐   84

套餐 1　适合1.5岁以上的宝宝   84

燕麦绿豆甜粥 / 芹菜炒肉丝

套餐 2　适合2岁以上的宝宝   85

黄豆玉米饭 / 生菜肉卷

套餐 3　适合1.5岁以上的宝宝   86

菠菜鸡蛋面 / 清蒸带鱼

套餐 4　适合1.5岁以上的宝宝   87

栗子稀饭 / 核桃蔬菜色拉

套餐 5　适合1.5岁以上的宝宝　　88
米团汤 / 花豆腐

套餐 6　适合1.5岁以上的宝宝　　89
韭菜鲜肉馄饨 / 蛋奶菜心

健康晚餐　　90
套餐 1　适合2岁以上的宝宝　　90
五彩什锦饭 / 冬瓜鱼丸汤

套餐 2　适合1.5岁以上的宝宝　　91
酸奶香米粥 / 菜花土豆泥

套餐 3　适合1.5岁以上的宝宝　　92
香菇素菜包 / 蛤蜊蛋汤

套餐 4　适合1岁以上的宝宝　　93
蛋花番茄面 / 白菜肉泥

套餐 5　适合1.5岁以上的宝宝　　94
莲子糯米粥 / 青菜肝末

套餐 6　适合1.5岁以上的宝宝　　95
豆沙酥饼 / 番茄西蓝花

第四章　聪明宝宝最爱的食物
吃出健康乖宝宝

0~3岁聪明宝宝的宜吃、忌吃食物　　98
食物颜色与五脏调养　　98
为宝宝选择最健康的食物　　99

玉米　让宝宝头脑聪明身体棒　　100
谈营养说健康　　100
专家连线　　100
新手妈妈学着做　　100
营养食谱推荐　　101

玉米豆腐萝卜糊 / 玉米面发糕 / 玉米莲藕汤 /
蛋黄玉米羹 / 冬瓜玉米羹 / 玉米色拉

小米　给宝宝做"代参汤"　　104
谈营养说健康　　104
专家连线　　104
新手妈妈学着做　　104
营养食谱推荐　　105
鸡肝小米粥 / 小米黄豆面煎饼 / 丝瓜鱼泥小米粥 /
苦瓜牛肉双米饭 / 小米糊 / 土豆小米粥

胡萝卜 营养好吃又不上火的"小人参" 108

谈营养说健康 108

专家连线 108

新手妈妈学着做 108

营养食谱推荐 109

胡萝卜鸡蛋碎 / 香菇胡萝卜面 / 胡萝卜鸡蛋饼 / 萝卜蒸糕 / 胡萝卜小米糊 / 胡萝卜炒海带

红薯 宝宝体内酸碱平衡的调节师 112

谈营养说健康 112

专家连线 112

新手妈妈学着做 112

营养食谱推荐 113

红薯鸡蛋饼 / 芋头红薯甜汤 / 红薯米糊 / 薏米黄瓜红薯饭 / 红薯菜粥 / 凉拌红薯叶

西蓝花 吃出宝宝自己的免疫力 116

谈营养说健康 116

专家连线 116

新手妈妈学着做 116

营养食谱推荐 117

牛奶西蓝花 / 西蓝花豆浆汁 / 西蓝花山药炒虾仁 / 三文鱼西蓝花炒饭 / 双花菜泥 / 奶酪蔬菜泥

番茄 守卫宝宝健康的最强抗氧化剂 120

谈营养说健康 120

专家连线 120

新手妈妈学着做 120

营养食谱推荐 121

牛肝拌番茄 / 番茄荷包蛋 / 西瓜番茄汁 / 番茄鳕鱼泥 / 番茄巴沙鱼 / 番茄烩茄丁

洋葱 宝宝的健康卫士 124

谈营养说健康 124

专家连线 124

新手妈妈学着做 124

营养食谱推荐 125

海带鸡蛋饼 / 什锦烩饭 / 洋葱番茄蛋花汤 / 洋葱番茄肉酱意大利面 / 香芹洋葱蛋黄汤 / 洋葱蛋包饭

牛肉 强壮身体的好肉食 128

谈营养说健康 128

专家连线 128

新手妈妈学着做 128

营养食谱推荐 129

蒜香牛肉粒 / 菠萝牛肉 / 牛肉胡萝卜粥 / 芹菜炒牛肉 / 牛肉酿豆腐 / 豆腐烧牛肉末

动物肝脏 宝宝的天然补铁食物 132

谈营养说健康 132

专家连线 132

新手妈妈学着做 132

营养食谱推荐 133

芝麻肝 / 肝黄粥

虾 鲜美的补钙能手 134

谈营养说健康 134

专家连线 134

新手妈妈学着做 134

营养食谱推荐 135

清蒸基围虾 / 虾末菜花 / 什锦虾仁炒饭 /
荠菜虾仁馄饨 / 木耳三彩虾球 / 白萝卜虾蓉饺

鸡蛋 价格低廉的婴幼儿营养库 138

谈营养说健康 138

专家连线 138

新手妈妈学着做 138

营养食谱推荐 139

虾皮鸡蛋羹 / 奶酪炒鸡蛋 / 蛤蜊蒸蛋 /
干贝厚蛋烧

鱼 营养全身的天然保健品 141

谈营养说健康 141

专家连线 141

新手妈妈学着做 141

营养食谱推荐 142

鱼肉香糊 / 金黄鳕鱼片 / 鳕鱼泥 / 香菇鱼肉泥 /
龙利鱼软面 / 丝瓜鱼泥小米粥

苹果 让宝宝头脑好用的"记忆果" 145

谈营养说健康 145

专家连线 145

新手妈妈学着做 145

营养食谱推荐 146

苹果色拉 / 胡萝卜牛肉馅饼 / 苹果密瓜水果粥 /
苹果米糊

猕猴桃 呵护宝宝健康的维生素C之王 148

谈营养说健康 148

专家连线 148

新手妈妈学着做 148

营养食谱推荐 149

猕猴桃杏汁 / 猕猴桃果酱 / 猕猴桃甜汤 /
猕猴桃雪梨汁

橙子 让宝宝少生病的酸甜精灵 151

谈营养说健康 151

专家连线 151

新手妈妈学着做 151

营养食谱推荐 152

猕猴桃橙汁 / 香蕉橙子豆浆 / 香橙小煎饼 /
香桃橙子果泥

香菇 赶走宝宝身边的感冒病毒 154

谈营养说健康 154

专家连线 154

新手妈妈学着做 154

营养食谱推荐 155

七彩香菇 / 香菇猪肉水饺 / 香菇蔬菜粥 /
香菇虾仁烩面 / 香菇豆腐鸡蛋羹 /
香菇胡萝卜炒芦笋

木耳 宝宝消化系统的"清道夫" 158

谈营养说健康 158

专家连线 158

新手妈妈学着做 158

营养食谱推荐 159

木耳炒肉 / 核桃木耳大枣粥 / 木樨肉 / 什锦木耳饭

海带 宝宝摄取钙、铁的宝库 161

谈营养说健康 161

专家连线 161

新手妈妈学着做 161

营养食谱推荐 162

肉末海带面 / 海带冬瓜汤

豆腐 蛋白质绝佳补充剂 163

谈营养说健康 163

专家连线 163

新手妈妈学着做 163

营养食谱推荐 164

豆腐羹 / 银鱼酱豆腐 / 冬瓜小白菜豆腐汤 / 小黄花鱼豆腐汤 / 香椿芽拌豆腐 / 三彩豆腐羹

牛奶 宝宝最好的钙来源 167

谈营养说健康 167

专家连线 167

新手妈妈学着做 167

营养食谱推荐 168

蔬菜牛奶羹 / 酸奶牛肉球

核桃 宝宝的"益智果" 169

谈营养说健康 169

专家连线 169

新手妈妈学着做 169

营养食谱推荐 170

核桃奶酪 / 核桃鸡丁 / 核桃莴笋 / 核桃杏仁饮 / 核桃仁蒜薹炒肉丝 / 核桃仁拌菠菜

红枣 味道甜美的"天然维生素丸" 173

谈营养说健康 173

专家连线 173

新手妈妈学着做 173

营养食谱推荐 174

红枣花卷 / 红枣粟米羹

芝麻 宝宝的天然护肤品 175

谈营养说健康 175

专家连线 175

新手妈妈学着做 175

营养食谱推荐 176

蜜奶芝麻羹 / 芝麻小白菜 / 黑芝麻木瓜粥 / 黑芝麻核桃粥

第五章 聪明宝宝功能食谱
配餐科学身体棒

聪明宝宝不能缺少的营养素　180

补锌食谱　184
补锌"明星"食材大盘点　184
哪些宝宝容易缺锌　184
动物性食品含锌量高　184
钙与铁可促进锌的吸收　184
补锌食谱推荐　185
牡蛎南瓜羹 / 番茄鳜鱼泥 / 红枣核桃花生八宝粥 /
香油姜末炒鸡蛋 / 百合干贝蘑菇汤 / 黄瓜腰果炒牛肉

补钙食谱　188
补钙"明星"食材大盘点　188
镁可促进钙的吸收　188
蛋白质摄入过量会"排挤"钙　188
常晒太阳无须额外补充维生素D　188
补钙食谱推荐　189
虾皮丝瓜汤 / 海米冬瓜 / 海鲜炖豆腐 /
玛瑙豆腐 / 核桃花生牛奶羹 / 海带炖肉

补铁食谱　192
补铁"明星"食材大盘点　192
含铁食物要与含维生素C的食物同吃　192
远离含草酸食物　192
补铁食谱推荐　193
青椒木耳炒鸡蛋 / 红枣蒸南瓜 / 蛋皮如意肝卷 /
麻酱鸡丝 / 豌豆蛋黄泥 / 菠菜猪血汤

增强免疫力食谱　196
增强免疫力"明星"食材大盘点　196
宝宝免疫力低下的表现　196
增强宝宝免疫力的科学方法　196
增强免疫力食谱推荐　197
香菇疙瘩汤 / 胡萝卜汤 / 鲜橙泥 / 海参蛋汤 /
肉末蒸圆白菜 / 红薯酸奶

益气补血食谱　200
益气补血"明星"食材大盘点　200
少吃会耗气的食物　200
越细碎的食物越补气血　200
益气补血食谱推荐　201
豆豉牛肉 / 桂圆红枣豆浆 / 山药豆腐 /
雪梨藕粉糊 / 荷香小米蒸红薯 / 菠菜牛肉羹

健脑益智食谱   204

健脑益智"明星"食材大盘点   204

远离含铅、含铝食物   204

少吃太咸或太甜的食物   204

吃得过饱容易"变笨"   204

健脑益智食谱推荐   205

胡萝卜拌莴笋 / 花生大米粥 / 番茄肝末汤 /
芝麻核桃露 / 黄豆鱼蓉粥 / 苹果酸奶饮

明目护眼食谱   208

明目护眼"明星"食材大盘点   208

对眼睛有益的营养素   208

甜食过量伤眼睛   208

少吃辣味食物   208

明目护眼食谱推荐   209

玉米豌豆粥 / 油菜蛋羹 / 胡萝卜鲜虾小馄饨 /
奶油鳕鱼 / 山药枸杞糯米羹 / 奶白鲫鱼汤

健齿食谱   212

健齿"明星"食材大盘点   212

能健齿的营养素   212

控制含糖食物的摄取   212

健齿食谱推荐   213

绿豆奶酪 / 紫菜鲈鱼卷 / 洋葱炒牛肉 /
红糖苹果山楂泥 / 燕麦猪肝粥 / 芝士芒果奶盖

健脾开胃食谱   216

健脾开胃"明星"食材大盘点   216

调理宝宝脾胃功能的方法   216

忌吃寒凉食物   216

规律进食   216

多吃甘淡的东西   216

健脾开胃食谱推荐   217

红豆山楂米糊 / 山药羹 / 红豆薏米粥 /
木瓜芒果豆浆 / 番茄枸杞玉米羹 / 糯米藕

润肠排毒食谱   220

润肠排毒"明星"食材大盘点   220

宝宝体内可能藏有毒素的表现   220

警惕可能藏有毒素的食品   220

润肠排毒食谱推荐   221

瘦肉玉米糙粥 / 蔬菜卷 / 蜂蜜蒸南瓜 /
鲜笋拌芹菜 / 燕麦黑芝麻豆浆 / 芋头红薯粥

改善睡眠食谱   224

改善睡眠"明星"食材大盘点   224

晚餐远离三类食物   224

喝牛奶改善睡眠有讲究   224

晚餐不过饱，睡前不过动   224

改善睡眠食谱推荐   225

牛奶小米粥 / 红枣山药粥 / 百合炖雪梨 /
板栗莲子山药粥 / 红枣核桃米糊 / 牛奶玉米粥

祛火食谱 228

祛火"明星"食材大盘点 228

少吃易上火的食物 228

宝宝祛火饮食要点 228

祛火食谱推荐 229

绿豆莲藕汤 / 姜汁黄瓜 / 山药苹果汁 /

萝卜炖羊肉 / 芹菜拌腐竹 / 冰糖银耳莲子汤

乌发护发食谱 232

乌发护发"明星"食材大盘点 232

宝宝头发枯黄的原因 232

营养不良性黄发的饮食对策 232

酸性体质黄发的饮食对策 232

能乌发护发的营养素 232

乌发护发食谱推荐 233

麻酱花卷 / 猪肝摊鸡蛋 / 家常木耳炒山药 /

圆白菜炒番茄 / 核桃豌豆羹 / 黑芝麻小米粥

祛湿食谱 236

祛湿"明星"食材大盘点 236

夏季要注意给宝宝祛湿 236

少吃热带水果和海鲜 236

祛湿食谱推荐 237

红豆薏米糊 / 蒜泥蚕豆 / 红豆南瓜银耳羹 /

清炒扁豆丝 / 荷叶冬瓜粥 / 薏米橘羹

润肺食谱 240

润肺"明星"食材大盘点 240

多吃白色食物 240

食物生吃与熟吃的润肺效果不同 240

秋季润肺宜多喝水 240

润肺食谱推荐 241

鲜藕梨汁 / 鲜白萝卜汤 / 苹果荸荠银耳汤 /

山药莲子粥 / 荸荠豆腐汤 / 山药二米粥

补肝食谱 244

补肝"明星"食材大盘点 244

护肝常吃绿色食物 244

多吃酸味食物 244

保持清淡的口味 244

远离食物污染 244

补肝食谱推荐 245

黑米青豆豆浆 / 胡萝卜羹 / 西蓝花香菇豆腐 /

鸡蓉玉米青豆羹 / 胡萝卜小米粥 / 山楂红枣汁

第六章 小儿疾病调养食谱
好得快，少遭罪

感冒调养食谱 250

宝宝感冒时的表现及具体病因 250

预防宝宝感冒这样做 251

感冒调养食谱推荐 252

葱白水 / 生姜梨水 / 鸡肉木耳粥 /
香芹洋葱蛋黄羹

发热调养食谱 254

宝宝发热的表现及具体病因 254

预防宝宝发热这样做 255

宝宝发热的护理方法 255

发热调养食谱推荐 256

生菜西瓜汁 / 荸荠绿豆粥 / 冬瓜荷叶汤 /
消暑绿豆沙

咳嗽调养食谱 258

宝宝咳嗽的表现及具体病因 258

预防宝宝咳嗽这样做 259

宝宝咳嗽的护理方法 259

咳嗽调养药食推荐 260

糖蒜水 / 石菖蒲煎汁 / 白萝卜山药粥 / 蜂蜜蒸梨

扁桃体炎调养食谱 262

宝宝扁桃体炎的表现及具体病因 262

预防宝宝扁桃体发炎这样做 263

宝宝扁桃体炎的护理方法 263

扁桃体炎调养食谱推荐 264

豆腐粥 / 绿豆芽拌豆腐泥 / 绿豆金银花豆浆 /
银耳雪梨豆浆

腹泻调养食谱 266

宝宝腹泻表现及具体病因 266

预防宝宝腹泻这样做 267

腹泻调养食谱推荐 268

蛋黄胡萝卜泥 / 苹果红糖泥 / 藕粉桂花糕 /
葡萄干土豆泥

厌食调养食谱 270

宝宝厌食的表现及具体病因 270

预防宝宝厌食这样做 270

厌食调养药食推荐 271

健脾饼 / 山楂粥

专题 孩子不宜多吃的食物有哪些 272

第 一 章

聪明宝宝同步喂养
按月速查
宝宝饮食最佳方案

第1个月新生儿
同步喂养方案

宝宝的营养需求

　　足月生产的宝宝，新生儿时期第一周每天对热量的需求为每千克体重60千卡（1千卡≈4.186千焦，下同），第二周以后的热量需求约为每千克体重95千卡。蛋白质方面不仅对量的要求很高，对质的要求也很高：母乳喂养的宝宝，每天每千克体重需要大约2克蛋白质；用配方奶喂养的宝宝，每天每千克体重需要3～5克蛋白质；早产儿相对来说需要的蛋白质要更多一些，通常每千克体重需要3～4克蛋白质。每100毫升母乳能提供1.2克蛋白质，每100毫升配方奶能提供3.3克蛋白质。

　　新生儿时期的宝宝，同样需要摄入各种脂类，其中必需脂肪酸产热应占总热量的1%～3%，因此每天应摄入脂肪15～18克。另外，推荐每天摄入300毫克钙、300微克铁、200微克维生素A、10微克维生素D等。

　　纯母乳喂养可以满足6个月以内宝宝对水和各种营养物质的需求，纯母乳喂养的宝宝不需要额外补充营养素和喂水；人工喂养的宝宝在喝奶的间隔时间里可以喂30～50毫升水。

专家建议

☆ 不要浪费新妈妈的初乳

　　初乳是新妈妈分娩后一周内分泌的乳汁，颜色淡黄，黏稠且量很少，有些人的初乳会显得较稀，甚至像水一样。传统观点认为初乳很脏，是"灰奶"，没有营养价值，不能给宝宝吃，等乳汁的颜色变白了才给宝宝吃，其实这样的观点是完全错误的。

　　初乳量较少，颜色淡黄，主要是其中含有大量的β-胡萝卜素所致。初乳尽管量少，但其营养成分完全符合宝宝生长发育的需要，可增强宝宝的免疫力，提高宝宝抵御疾病的能力，可以使宝宝在出生后6个月内很少得病，还能帮助宝宝排出体内的胎粪，清洁肠道。

☆ 新妈妈产后要增加营养

　　新妈妈产后身体较为虚弱，应该尽量增加营养，适当多吃些牛奶、虾、鸡肉、鱼肉、瘦肉等富含钙和蛋白质的食物，多吃蔬菜和水果。每天可以吃5餐，增加主食量，丰富食物种类，饭要做得稀软，以易于消化，不要吃辣椒等刺激性强的食物，也不要吃生冷食物。

哺喂课堂

★ 母乳喂养

这个月，新妈妈应按需哺乳，也就是宝宝饿了就喂。一般24小时内喂奶8~12次，每次不超过30分钟，每隔1.5~2小时喂1次。如果宝宝睡觉超过3小时，可将宝宝唤醒喂奶，以免宝宝出现低血糖。

★ 人工喂养

人工喂养的宝宝要按时喂奶。24小时内喂奶8~10次，每次喂奶量为50~80毫升，每天400~600毫升，喂奶间隔时间以3小时左右为宜。如果宝宝一次喝奶量大，可延长喂奶间隔时间，但不能超过4小时；如果宝宝一次喝奶量少，可缩短喂奶间隔时间，但不能短于2小时。

出生时体重小于1500克的低体重宝宝不宜母乳喂养。对他们来说，母乳中蛋白质含量不足，营养不够，宜选用适合低体重儿的配方奶粉。妈妈母乳不足或完全没有母乳的话也要给宝宝喂配方奶。除此以外的宝宝都可以母乳喂养。

低体重宝宝的喂奶量应从每天每千克体重60毫升开始，之后每天每千克体重增加20毫升，直至总量达到每天每千克体重200毫升。每天喂奶8~12次，每2~3小时喂1次，喂至宝宝体重达到或超过2500克且能够完全吃母乳为止。

★ 混合喂养

混合喂养宝宝时，应尽量多喂母乳，如果距离上次的喂奶时间不足30分钟，要喂配方奶；如果距离上次喂奶时间超过30分钟，要先喂母乳，没有母乳后再喂配方奶。母乳可1~3小时喂1次，配方奶最好3小时喂1次。喂完母乳再喂配方奶的间隔时间可短一些，30分钟即可，但喂完配方奶再喂母乳的间隔时间要尽量延长，至少2小时。另外，喂母乳后可以不用再给宝宝喝水，但喂宝宝配方奶的话应在喂后1~2小时喂水，每喂配方奶100毫升喂水15毫升。

健康妈妈一日营养计划

7：00~8：00	馒头片、小米粥、鸡蛋、牛奶
11：00~12：00	蒸米饭、青菜炒肉、鸡汤、素炒莴笋
14：00~15：00	花卷、炖猪蹄、炒黄豆芽、紫菜鸡蛋汤
18：00~19：00	发面饼、豆浆、鸡肉炒青菜
22：00~23：00	鸡蛋面、牛奶、动物肝脏

聪明宝宝一日营养计划

第一周	8~12次/天	母乳或配方奶
第二周	8~10次/天	母乳或配方奶
第三、四周	7~8次/天	母乳或配方奶

催乳美肤
调理贫血

黄豆猪蹄汤

材料 猪蹄300克,黄豆100克,香菇20克。
调料 姜片、料酒、盐、陈皮各适量。
做法

① 黄豆淘洗干净,泡一夜。香菇泡发,洗净,去柄。猪蹄洗净切小块,放入锅中,注入适量清水,以大火烧开,略煮片刻以去除血水,捞出沥干。

② 锅内注入适量清水,放入猪蹄块、黄豆、姜片、陈皮、料酒,大火煮开,再改小火煲约1.5小时,加入香菇煮至材料熟烂,加盐调味即可。

补中益气
增加乳汁量

鸡丝豌豆汤

材料 鸡胸脯肉200克,豌豆粒50克。
调料 高汤、盐、香油各适量。
做法

① 鸡胸脯肉洗净,入蒸锅蒸熟,取出撕成丝,放入汤碗中。

② 豌豆粒洗净,入沸水锅中焯熟,捞出沥干水分,放入汤碗里。

③ 锅置火上,倒入高汤煮开,加盐调味,浇入已放好鸡丝和豌豆的汤碗中,淋上香油即可。

丝瓜络煮对虾

材料 丝瓜络15克，通草10克，对虾2只。

调料 姜片、盐各2克。

做法

① 丝瓜络、通草分别洗净。虾洗净，去虾线、虾足。

② 锅中加入适量清水，清水煮沸后，将丝瓜络、通草、对虾和姜片放入锅中，煮15分钟，快煮熟时加盐调味即可。

通乳调血

山药乌鸡汤

材料 乌鸡1只，山药100克。

调料 盐3克，香葱末、葱段、姜片、枸杞子各适量。

做法

① 山药去皮洗净，切片。乌鸡宰杀去内脏洗净，焯烫后捞出，冲洗干净。枸杞子泡洗干净。

② 煲锅内加适量清水煮沸，放入乌鸡、姜片、葱段、枸杞子，大火煮沸后改小火煲约1小时，加山药煮20分钟，加盐调味，撒上香葱末即可。

补气益血
补脾养气

妈妈
烹调笔记

煮鸡汤时一定要加足量的水，否则中途加水口味会大打折扣。

第2个月宝宝
同步喂养方案

宝宝的营养需求

从这个月开始，宝宝进入快速生长期，对各种营养素的需求量迅速增加。这个月的宝宝每天所需的热量是每千克体重90千卡，如果每天摄取的热量超过90千卡，就有可能造成肥胖。

这个月的宝宝，可以完全靠母乳摄取所需的营养，不需要添加辅助食品。如果母乳不足可添加配方奶，不需要补充其他任何营养品。

在这个阶段，宝宝每天的喂奶量大致可按每千克体重100~125毫升计算，但每个宝宝的食量不同，活动量也不同，不能强求一致，可根据宝宝的进食特点和消化功能情况来调整喂奶量。

专家建议

★ 宝宝拒绝吃奶应找医生查看

如果宝宝突然拒绝吃奶或者一喂奶就哭闹，可能是由身体不适引起的，爸爸妈妈应该注意观察，必要时可到医院找儿科医生查看。宝宝拒绝吃奶一般会有以下几种原因。

1. 宝宝吃奶时哭闹，害怕吮奶。这可能是宝宝口腔内有创面，吮奶时碰触会引起疼痛。宝宝患鹅口疮时通常会这样，建议找医生对创面进行消炎处理。

2. 宝宝吃奶时精神不振，出现厌吮。这可能是因为宝宝患了消化道疾病，应尽快去医院诊治。

3. 宝宝吃奶时，只吃一下就不吃了，用嘴呼吸。这可能是由鼻塞引起的，应为宝宝清除鼻内的异物，如果自己不能处理，尽快去医院找医生帮忙。

★ 哺乳妈妈每天应该这样吃

主食450~600克

新鲜蔬菜、水果500克

（绿叶蔬菜不少于250克）

蛋类50~100克

肉类100~150克

奶类200~400克

豆类及其制品100克

哺喂课堂

★ 母乳喂养

按需哺乳仍是这个月宝宝的母乳喂养原则，24小时内喂奶9~11次，每次30分钟左右。和上个月相比，这个月的喂奶间隔时间可以适当延长，一般3小时左右喂1次，夜里喂奶的间隔时间可延长到3~4小时。

★ 人工喂养

人工喂养的宝宝24小时内的喂奶次数以7~9次为宜，每次60~150毫升，喂奶的间隔时间为3小时左右，夜里喂奶的间隔时间可延长至6小时。如果喂奶时宝宝把奶瓶里的奶都喝光了，说明配奶量可能有些不足，下次应该多调配30毫升；如果宝宝吃饱了，奶瓶中还剩下50毫升左右的奶，下次就应该少调配30毫升。

★ 混合喂养

尽量多喂母乳，如果距离上次的喂奶时间在1小时以下，喂配方奶；如果距离上次喂奶时间在1小时以上，要先喂母乳，没有母乳后再喂配方奶。喂完母乳再喂配方奶的间隔时间可短一些，1小时即可，但喂完配方奶再喂母乳的间隔时间要尽量延长，至少3小时。

混合喂养不需要规定母乳和配方奶的具体哺喂次数，应尽量多喂母乳。如果哪天奶水充足，喂1次配方奶就可以了；如果哪天奶水少，可多喂几次配方奶。

一般的配方奶粉都含有足够的糖，因此不需要额外添加糖。

健康妈妈一日营养计划

7：00~8：00	馒头片、卤猪肝、蒸蛋羹、牛奶
11：00~12：00	鸡蛋面条、大骨头汤、炒油菜
14：00~15：00	蒸米饭、鲫鱼汤、清炖牛肉
18：00~19：00	花卷、豆浆、鳟蟹、炒青菜
22：00~23：00	小米红糖粥、牛奶、水煮虾

聪明宝宝一日营养计划

母乳喂养的宝宝	宝宝有吃奶的欲望就喂奶，母乳喂养的宝宝不需添加辅助食品
人工喂养的宝宝	每3小时喂一次奶，每次喂60~150毫升 上午：6点、9点、12点 下午：15点、18点 晚间：21点、24点、3点 添加适量温开水，白天两次，在两次喂奶之间喂，每次约30毫升
混合喂养的宝宝	如果距离上次的喂奶时间不足1小时，喂配方奶；如果距离上次喂奶时间超过1小时，要先喂母乳，没有母乳后再喂配方奶。不需要规定母乳和配方奶的具体喂奶次数，应尽量多喂母乳

补气血
催乳

小米红糖粥

材料 小米、大米各50克。

调料 红糖适量。

做法

① 小米、大米淘洗干净。

② 锅置火上，倒入大米、小米和适量清水大火烧沸，转小火熬煮至米粒熟烂，加红糖搅匀即可。

妈妈
烹调笔记

粥油是用小米或大米熬粥后浮在粥表面的物质，营养丰富，不可丢弃。

补钙
益气养血

鲫鱼豆腐汤

材料 鲫鱼1条，豆腐150克。

调料 香菜段、姜片、盐、水淀粉、香油、植物油各适量。

做法

① 将豆腐洗净，切成5毫米厚的薄片，用盐水浸渍5分钟，沥干备用。

② 鲫鱼宰杀，处理干净，在鱼身两面各划三刀，沥干水分。

③ 锅置火上，倒入植物油烧热，爆香姜片，放入鲫鱼，待鱼两面煎黄后加适量水，大火烧开后小火炖25分钟，再投入豆腐片，加盐调味，用水淀粉勾薄芡，撒上香菜段，淋入香油即可。

妈妈
烹调笔记

巧去鲫鱼腥味：将鲫鱼剖开洗净后，放在牛奶中泡一会儿，可以起到除腥的作用，并且能增加鱼的鲜味。

萝卜丝鲫鱼汤

材料 白萝卜200克，鲫鱼1条，火腿20克。

调料 盐、料酒、葱段、姜片、植物油各适量。

做法

①鲫鱼去鳞、鳃及内脏后洗净。白萝卜洗净，去皮，切丝，焯一下，捞出冲凉。火腿切丝。

②锅内放油烧热，爆香葱段、姜片，放入鲫鱼略煎，添凉水，加白萝卜丝、火腿丝烧开，加盐、料酒即可。

在熬鲫鱼汤时，可先用油将鲫鱼煎一下，再加凉水小火慢炖，这样鱼肉中的鲜味物质就会逐渐溶解在汤里。

补钙
催奶

参须红枣鸡汤

材料 三黄鸡500克，红枣30克，参须10克。

调料 盐、料酒各适量。

做法

①将三黄鸡洗净，切块，沸水焯烫，冲去血水备用。红枣浸泡片刻，洗净，去核。

②将鸡块、参须、红枣、适量清水一起加入锅内，大火烧沸，加入料酒，转用小火炖1小时，加入盐即可。

鸡肉用猛火炖煮，肉质较硬不可口；凉水下锅进行炖煮，肉质就会变得鲜嫩。

补血催乳
促进产后恢复

第3~4个月宝宝
同步喂养方案

宝宝的营养需求

第3~4个月的宝宝仍能从母乳中获得所需的营养，对奶的消化吸收能力强，蛋白质、矿物质、脂肪、维生素等营养素可以从母乳或配方奶中获得。

热量	蛋白质	钙	铁	锌	碘
110千卡/千克体重	1.5~3克/千克体重	300毫克	0.3毫克	1.5毫克	1.5毫克
硒	维生素B$_1$	维生素B$_2$	维生素C	维生素E	维生素D
15毫克	0.2毫克	0.4毫克	40毫克	3毫克	400国际单位

专家建议

这两个月，哺乳的新妈妈可以不必再每天吃五餐了，可恢复到正常的三餐饮食，牛奶仍要坚持喝，每天宜喝500毫升左右。这两个月是宝宝脑发育的黄金时期，哺乳的妈妈要适当多吃些核桃、芝麻、小米、鱼肉等能补脑的食物，还要适当多吃些虾皮、坚果、豆制品等富含钙的食物。

哺喂课堂

★ 母乳喂养

3个月的宝宝每天的喂奶次数在8~10次，喂奶的间隔时间在3小时左右，每次喂30分钟左右，夜里可以不叫醒宝宝喂奶。

4个月的宝宝每天喂奶7~9次，3小时左右喂奶1次，夜里可以不叫醒宝宝喂奶。

★ 人工喂养

人工喂养的3个月大的宝宝吃奶量会有个体差异，胃口好的宝宝每天的吃奶量可达1000毫升以上，胃口不好的宝宝每天的吃奶量不足700毫升。总的来说，24小时内应喂奶6~8次，每次80~120毫升，每天总的喂奶量达到800~1000毫升，喂奶间隔时间为3~4小时，夜里可以不叫醒宝宝喂奶。宝宝在这个月胃口会比以前好，喂水量可从原来的每次30毫升增加到每次40~50毫升。

人工喂养的4个月大的宝宝每天喂奶6~7次，每次100~180毫升，3~4小时喂奶1次，夜里可以不叫醒宝宝喂奶。

★ 混合喂养

对于3个月大的宝宝，如果距离上次的喂奶时间在1.5小时以内，喂配方奶；如果距离上次喂奶时间在1.5小时以上，要喂母乳。喂完母乳再喂配方奶的间隔时间可短一些，1.5小时即可，但喂完配方奶再喂母乳的间隔时间要尽量延长，至少3小时。如果宝宝发育良好，这个月的喂奶时间同上个月的差不多就可以，假如宝宝吃奶次数减少1~2次，妈妈们应减少配方奶的量，而不要减少母乳的量。

对于4个月大的宝宝，如果距离上次的喂奶时间在2小时以下，喂配方奶；如果距离上次喂奶时间在2小时以上，喂母乳。喂完母乳再喂配方奶的间隔时间可短一些，2小时即可，但喂完配方奶再喂母乳的间隔时间要尽量延长，至少3小时。

宝宝的配方奶最好不要频繁更换，否则易引起宝宝消化系统功能紊乱。选择婴儿配方奶粉时，宜选择适合宝宝年龄和身体生长发育、价格合理的种类。

健康妈妈一日营养计划

7：00~8：00	馒头片、卤牛肉、鸡蛋、牛奶
11：30~12：00	蒸米饭、棒骨白菜粉丝汤、红烧鲤鱼、凉拌金针菇
18：00~19：00	小米粥、花卷、清炖仔鸡、油菜豆腐煲

聪明宝宝一日营养计划

	第3个月	第4个月
主食	母乳或配方奶	
喂奶量	每次80~120毫升	每次100~180毫升
喂奶次数	每天6~8次	每天6~7次

如果宝宝每天摄入配方奶的量多于500毫升，就没有必要另外补充维生素D；每天保证给宝宝喂适量白开水

美容养颜
通乳

妈妈
烹调笔记　选购木瓜时，要选黄中带绿的，不一定要全黄，但要表皮光滑，软硬适中。

银耳木瓜排骨汤

材料　猪排骨250克，干银耳5克，木瓜100克。

调料　盐4克，葱段、姜片各适量。

做法

❶ 银耳泡发，洗净，撕成小朵。木瓜去皮、籽，切成滚刀块。排骨洗净，切段，焯水备用。

❷ 汤锅中加清水，放入排骨、葱段、姜片同煮，大火烧开后放入银耳，小火慢炖约1小时，放入木瓜，再炖15分钟，调入盐搅匀即可。

祛风止痛
补脾养胃

山药鱼头汤

材料　鳙鱼1000克，山药150克，豌豆苗、海带（鲜）各50克。

调料　植物油、盐、胡椒粉、姜片各适量。

做法

❶ 将鳙鱼宰杀洗净，去鳃，只留鱼头。山药去皮，洗净切块。海带打结。

❷ 锅内倒植物油烧热，下鱼头煎至两面微黄时取出。

❸ 另起锅放入清水和鱼头、山药块、海带结、姜片，大火煮开后转小火慢炖30分钟。

❹ 放入豌豆苗煮2分钟，加盐、胡椒粉调味即可。

12

黑芝麻燕麦糊

材料　黑芝麻糊粉25克，燕麦片50克，枸杞子10克。

调料　白糖适量。

做法

① 将黑芝麻糊粉倒入碗中，加入适量温水调匀成芝麻糊。

② 芝麻糊中加入燕麦片，冲入适量的热水，最后加入枸杞子、白糖调匀即可。

燕麦片应选购即食的品种，即食燕麦片用开水冲一下就能吃。

补肝肾
预防贫血

花生猪蹄浓汤

材料　猪蹄500克，花生50克，枸杞子5克。

调料　盐5克，料酒15克，葱段、姜片各适量。

做法

① 猪蹄洗净，用刀轻刮表皮，剁成小块，焯水备用。花生泡水半小时后捞出备用。

② 汤锅加清水，放入猪蹄及料酒、葱段、姜片大火煮开，转小火炖1小时，放入花生再炖1小时，然后加枸杞子再煮10分钟，调入盐即可。

根据个人喜好来选猪蹄，喜欢肉质多的选前蹄，喜欢啃骨头的则选后蹄。

健胸丰乳
催奶

第5~6个月宝宝
同步喂养方案

宝宝的营养需求

第5个月的宝宝对营养的需求较第4个月没有太大的变化，每天需要的热量为每千克体重90千卡。可以给第5个月的宝宝适量添加辅食，让宝宝养成吃乳类以外食物的习惯，刺激宝宝味觉的发育。

从第6个月起，宝宝的身体需要更多的营养物质，母乳已逐渐不能完全满足宝宝生长的需要，添加辅食变得非常重要。

专家建议

★ 辅食添加时间

世界卫生组织建议满6个月的宝宝要添加辅食。但是，如果妈妈母乳的质和量都不足的话，可适当提前添加辅食。家长可根据宝宝的生长发育情况及母乳质量选择合适的添加辅食的时间。

★ 尊重宝宝的食量

要允许吃得少的宝宝保持自己的食量，妈妈不应该在意吃多吃少，而要注意监测宝宝的身长、体重、头围和各种能力的发育情况。实际上，真正由疾病引起的食量偏小并不多见，许多情况下都是人为引起的。爸爸妈妈能否客观评价宝宝的食量是喂养的关键。

★ 配方奶不必加糖

配方奶粉是以母乳为标准，对牛奶进行了全面改造，使其最大限度地接近母乳的母乳替代品，符合宝宝的消化吸收和营养需求。因此，给宝宝喂配方奶就不必再加糖了。过多的糖进入宝宝体内，会导致水分潴留，使肌肉和皮下脂肪组织松软无力，这样的宝宝看起来很胖，但身体抵抗力却很差。过多的糖储存在体内，还易诱发龋齿、动脉硬化等疾病。

★ 添加辅食的原则

1. 由一种到多种。宝宝习惯一种食物后，再添加另一种食物。每一种食物须适应一周左右，这样做的好处是如果宝宝对食物过敏，能及时发现并确定引起过敏的是哪种食物。

2. 由少到多。拿添加蛋黄来说，应从1/4个开始，密切观察宝宝的食欲及排便情况，如添加后一周内无特殊变化，则可加到半个，继续观察一周，然后可加至整个蛋黄。宝宝8个月后才可以添加蛋清。

3. 由稀到稠、由细到粗。从流质的奶类逐步过渡到米糊，然后是稀粥、稠粥，再到软饭、一般食物；从细菜泥过渡到粗菜泥，再到碎菜，然后到一般的炒菜。

哺喂课堂

★ 母乳喂养

5个月大的宝宝每天喂奶6~8次，3~4小时喂奶1次，每次哺乳20分钟，这时候可以根据宝宝的胃口多喂一些，每次喂200毫升，如果宝宝一时吃不下也不要强行喂；6个月大的宝宝每天喂奶5~6次，4小时喂奶1次，每次哺乳20分钟。已经上班的哺乳妈妈，可以把母乳挤出来冷冻后带回家。

母乳储存时间表

储存方法	第3个月	第4个月
室温（25℃）	6小时	4小时
冰箱冷藏（0~4℃）	48小时	24小时
冰箱冷冻（-18℃）	3个月	3个月

★ 人工喂养

5个月大的宝宝每天喂奶5~6次，每次150~200毫升，胃口好的每次180~200毫升，胃口不好的每次125~150毫升，4小时喂奶1次；6个月大的宝宝每天喂奶5~6次，4小时喂奶1次，每次200毫升左右，胃口好的宝宝每次可以喝220~250毫升。

★ 混合喂养

对于5个月大的宝宝，如果距离上次的喂奶时间在2个半小时以下，喂配方奶；如果距离上次喂奶时间在2个半小时以上，喂母乳。喂完母乳再喂配方奶的间隔时间可短一些，2个半小时即可，但喂完配方奶再喂母乳的间隔时间要尽量延长，应达4小时左右。

对于6个月大的宝宝，如果距离上次的喂奶时间在3小时以下，则喂配方奶；如果距离上次喂奶时间在3小时以上，则喂母乳。喂完母乳再喂配方奶的间隔时间可短一些，2个半小时即可，但喂完配方奶再喂母乳的间隔时间要尽量延长，应达4小时左右。

★ 辅食添加

1. 在喂奶之前喂辅食。妈妈们应该在给宝宝喂奶之前喂辅食，因为在宝宝饿的时候喂辅食，宝宝比较容易接受，如果在宝宝吃完奶后喂辅食，宝宝很有可能拒绝吃辅食，所以辅食应该在喂奶前添加，喂完辅食后再用母乳或配方奶把宝宝喂饱。这个阶段虽然开始添加辅食了，但也不能忽视母乳，因为此阶段处于辅食添加初期，辅食的摄取量非常少，大部分营养还是来自乳类。

2. 把握添加辅食的最佳时机。给宝宝添加辅食的时间最早应从满4个月，也就是第5个月开始，即使母乳非常充足，满6个月起也必须要添加辅食了。辅食添加过早容易造成妈妈泌乳减少，宝宝过敏、排便异常及肥胖等问题；辅食添加过晚易导致儿童偏食、挑食，甚至营养不良。第5~6个月为辅食添加的适应阶段，不要过于强求宝宝的进食量，应鼓励宝宝对食物产生兴趣，千万不要强迫宝宝，以免造成宝宝的心理负担。

3. 避免添加调味过重的辅食。婴儿期的辅食正常情况下不须额外添加食盐或其他调味品。

另外，给宝宝添加辅食应该在宝宝身体健康、消化功能正常的时候进行，宝宝身体不舒服或天气较热时，应停止或暂缓添加，以免宝宝消化不了。

聪明宝宝一日营养计划

	第5个月	第6个月
主食	母乳或配方奶	
喂奶量	每次150~200毫升	每次200毫升左右
喂奶次数	每天5~6次	每天5~6次
添加辅食	婴儿营养米粉、果汁、菜汁等	蛋黄、果泥、菜泥、婴儿营养米粉等
辅食添加时间	上午、下午各一次，在喂奶之前喂，首次添加必须在上午	上午、下午各一次，在两次喂奶之间喂
辅食用量	由少到多，逐渐加量，每次不超过20克	一般30~50克

大米糊

材料 大米20克。

做法

1. 大米洗净，浸泡20分钟，沥干，用搅拌机将泡好的米磨碎。
2. 将磨碎的米和适量的水倒入锅中。
3. 大火煮开后，再调小火充分熬煮。
4. 用过滤网过滤，凉至温热后即可食用。

健脾养胃
帮助消化

妈妈
烹调笔记

大米要用小火慢慢熬煮，使其完全熟透、软和，再给宝宝食用。

绿豆汤

材料 绿豆100克，冰糖适量。

做法

1. 绿豆洗净，浸泡3小时。
2. 锅中放适量水烧开，倒入绿豆，大火煮至汤汁基本烧干时，加入沸水，小火煮20分钟左右至绿豆开花。
3. 加入冰糖，再煮5分钟，过滤取汤汁即可。

清热解毒
解暑

妈妈
烹调笔记

绿豆汤可清热解暑，夏天可以适当多给宝宝喂食。

苹果汁

材料 苹果300克。

做法

① 苹果洗净，去皮、核，切小块。

② 将苹果块放入榨汁机中，加入适量饮用水，搅打均匀即可。

妈妈烹调笔记 苹果汁宜在准备给宝宝喂食时现切现榨，这样能更多地保留苹果中的营养。

油菜汁

材料 油菜150克，配方奶150毫升。

做法

① 油菜洗净，去根，切成段。

② 将油菜放入榨汁机中，榨汁备用。

③ 将榨好的油菜汁倒入杯中，加入配方奶调匀即可。

妈妈们一定要知道的事

处于麻疹后期的宝宝要少喝这道油菜汁，以免出疹不透。

米粉

材料 宝宝米粉25克，蔬菜汤适量。

做法

① 向米粉中冲入80℃的开水，调匀成米粉糊。

② 加入蔬菜汤，调匀即可。

滋养脾胃

妈妈烹调笔记 也可以将少量米粉直接加入配方奶中给宝宝吃。

饼干粥

材料 大米15克，婴儿专用饼干2片。

做法

① 大米淘洗干净，放入清水中浸泡1小时。

② 锅置火上，放入大米和适量清水，大火煮沸，转小火熬煮成稀粥。

③ 将饼干捣碎，放入粥中稍煮片刻即可。

补脾和胃

妈妈烹调笔记 可以用配方奶来代替大米粥，在其中放入饼干拌成糊。

第7~9个月宝宝
同步喂养方案

宝宝的营养需求

第7个月，宝宝的主要营养源还是母乳或配方奶，辅食只是补充部分营养素的不足，需要添加的辅食是以蛋白质、维生素、矿物质、碳水化合物为主要营养组成的食物，包括蛋、肉、蔬菜、水果、米粉、烂面条等。

对于8个月大的宝宝，质和量都在下降的母乳已不能完全满足生长发育的需要，添加辅食显得更重要了。辅食方面，由于这个月大多数宝宝都在学习爬行，体力消耗会较大，因此应该给宝宝喂食更多富含碳水化合物、蛋白质和脂肪的食物。

9个月大的宝宝要注意面粉类食物的添加，此类食物中富含可以为宝宝提供每天活动与生长所需热量的碳水化合物。另外，富含蛋白质的食物也不能少，蛋白质可促进宝宝身体组织的生长发育。

专家建议

★ 辅食的摄入量因人而异

宝宝到了第7个月，开始每天有规律地吃辅食，每次的量应因人而异，食欲好的宝宝可稍微吃得多一点，不用太依赖规定的量，但应调节至每次喂80~120克，不宜喂得过多或过少。在不能准确把握辅食量时，可以用原味酸奶杯来计量。一般来说，原味酸奶杯的容量为100克，因此要取80克的量时，取原味酸奶杯的4/5左右即可。

★ 饭菜肉类要分开

宝宝7~9个月大时，可以把粮食和肉、蛋、蔬菜分开喂了，这样能让宝宝品尝出不同食物的味道，增加吃饭的乐趣，增强食欲，也能为宝宝以后专注吃饭打下基础。

哺喂课堂

★ 母乳喂养

7个月大的宝宝每天可喂母乳4~5次，喂辅食2次，在2次喂奶的间隔时间里添加。

8个月大的宝宝每天喂母乳的次数不能少于4次，辅食每天可喂2次。

9个月大的宝宝每天喂母乳4次左右，喂辅食2~3次。

★ 人工喂养

7个月大的宝宝，每天可喂奶3~4次，

配方奶每天喂800毫升左右。每天可喂2次辅食，辅食在2次喂配方奶的间隔时间内添加。

8个月大的宝宝，每天喂配方奶的次数不能少于3次，每次的喂奶量在200毫升以上。辅食每天可喂2次。

9个月大的宝宝，每天喂配方奶3次，喂奶量600~800毫升。全天可喂2~3次辅食。

★ **混合喂养**

7个月大的宝宝，每天可喂2次辅食，辅食可在2次喂母乳的间隙添加，如果母乳比较少，可在喂母乳后2小时添加辅食，添加辅食后2小时再喂宝宝喝些配方奶。

8个月大的宝宝，每天喂奶的次数不少于3次，以母乳为主，每次喂配方奶的量在200毫升以上。每天可喂2次辅食。

9个月大的宝宝，全天可喂2~3次辅食，乳类以母乳为主，如果母乳不足，可以用配方奶补足。

★ **辅食添加**

有些宝宝在添加辅食的过程中经常会出现过敏症状，比如脸、前胸、后背出现红斑，有的还会腹泻。因此，妈妈们应该对以下几类容易让宝宝过敏的食物有所了解。

1. 高蛋白食物。虾、蟹、鸡蛋蛋白、豆浆等食物中含有的异体蛋白很容易激发体内的过敏反应。

2. 辛辣调味类食物。这类食物容易刺激宝宝的食道和呼吸道，引发过敏。

3. 温度偏低或性味偏凉的食物。这类食物容易刺激宝宝的喉咙、气管和胃肠，引起血管和肌肉的紧张和收缩，进而引发过敏反应。

4. 油腻食物。大鱼大肉等油腻食物容易影响宝宝肠胃的消化功能，消化功能失常同样会引起过敏反应。

5. 坚果类。有坚果过敏家族史的宝宝，吃坚果时更应该小心，3周岁内不宜吃坚果。

6. 某些水果也容易引起过敏，如芒果、菠萝、猕猴桃等。

聪明宝宝一日营养计划

上午	6：00	母乳或配方奶200~220毫升
	9：30	母乳或配方奶120毫升，鸡蛋羹20克，馒头20克
	10：30	果泥50克
	12：00	小馄饨50克
下午	15：00	母乳或配方奶120毫升，蛋糕20克
	18：30	肉末胡萝卜汤60克
晚上	21：00	母乳或配方奶200~220毫升

鱼肝油每天1次

宽肠胃
防便秘

红薯泥

材料 红薯30克。

做法

① 红薯洗净，去皮。

② 将红薯放入蒸锅中蒸熟，用汤匙压成泥即可。

 妈妈们一定要知道的事

最好在中午给宝宝吃红薯泥，因为其中的钙可以在晚餐前被全部吸收，不会影响晚餐后对其他食物中钙的吸收。

补肝明目
预防缺铁

猪肝泥

材料 猪肝30克。

做法

① 猪肝剔去筋膜，切片，用清水浸泡30~60分钟，中途勤换水，再用清水反复清洗干净，放入蒸锅，大火蒸20分钟左右。

② 取出后将猪肝放入料理机，加少许温水打成泥即可。

 妈妈们一定要知道的事

猪肝富含血红素铁，是宝宝补铁的极佳食物来源。猪肝还含有卵磷脂和多种矿物质，有利于宝宝智力发育。

蔬菜面

材料 胡萝卜面条20克，菠菜30克。

做法

① 将胡萝卜面条折成小段煮熟。

② 将菠菜洗净，放入沸水中焯熟，切碎，倒入面条中拌匀即可。

补充
维生素

 妈妈们一定要知道的事

脾虚便溏的宝宝要少吃菠菜。

南瓜粥

材料 南瓜100克，大米50克。

做法

① 南瓜洗净，去皮，切丁。大米洗净，浸泡2小时。

② 将南瓜丁和大米放入锅中，加适量清水，熬煮至南瓜和大米熟透、黏稠即可。

提高免疫力
驱蛔虫

妈妈们一定要知道的事

南瓜含有丰富的膳食纤维，能促进宝宝肠道蠕动，搭配大米做粥，帮助宝宝预防和缓解便秘。

第10~12个月宝宝
同步喂养方案

宝宝的营养需求

对于10个月大的宝宝，喂奶次数可较第9个月进一步减少，可以给宝宝添加更为丰富的食物，以利于其摄入各种营养素。添加辅食时，要给宝宝补充充足的维生素、蛋白质和矿物质。妈妈们要注意多给宝宝补充维生素C和维生素B族。

第11个月是宝宝婴儿期的倒数第二个生长发育较为迅速的时期，需要消耗更多的碳水化合物、蛋白质和脂肪。

12个月大的宝宝即将断母乳了，食物结构有较大的变化，这时添加的辅食营养应该更全面和充足，每天的膳食应含有碳水化合物、蛋白质、脂肪、维生素、矿物质等营养素，应避免食物种类单一，注意营养均衡。

专家建议

★ 不要拿罐头等加工类食品做辅食

妈妈们在制作辅食的时候，不要给宝宝添加罐头及肉干、肉松、香肠等加工类肉食，这些食物在制作过程中营养成分已流失许多，远没有新鲜食品营养价值高，并且在制作过程中还会加入防腐剂、色素等添加剂，这些物质会对宝宝的健康造成不利影响。由于宝宝的身体还没有发育完全，食用这些食物会增加肝脏的负担，不利于宝宝的身体健康。

★ 春、秋季是断奶的最佳季节

妈妈给宝宝断奶，最好选择在春秋季节进行。夏天气温比较高，宝宝的肠胃消化能力较差，稍有不慎，就会引起消化道疾病；冬天天气太冷，宝宝因为断奶晚上睡眠不安，容易感冒生病。另外，妈妈们在准备给宝宝断奶时，要给宝宝做一次全面的健康检查。只有当宝宝身体状况良好、消化能力正常时才可以考虑断奶。如果正巧赶上宝宝生病，就先不要断奶，否则会影响宝宝健康，可在宝宝病愈后再开始断奶。

哺喂课堂

★ 母乳喂养

10~11个月大的宝宝，每天可喂4次母乳，喂2~3次辅食。

12个月大的宝宝每天可喂3次母乳，喂3次辅食。

★ 人工喂养

10个月大的宝宝，每天可喂3次配方奶，全天总喂奶量在600~800毫升，每天喂2~3次辅食。

11个月大的宝宝，每天可喂3次配方奶，全天总喂奶量不少于600毫升，每天喂2~3次辅食。

12个月大的宝宝，每天可喂2~3次配方奶，全天喂奶量600毫升左右，每天喂3次辅食。

★ 混合喂养

10~11个月大的宝宝，每天可喂奶3次，有母乳尽量喂母乳，不足部分可以用配方奶补足，每天喂2~3次辅食。

12个月大的宝宝，每天可喂奶2~3次，有母乳尽量喂母乳，不足部分可以用配方奶补足，每天喂3次辅食。

★ 辅食添加

给宝宝添加辅食要注意种类丰富，这样才能保证宝宝摄入全面且均衡的营养。给宝宝制作的辅食一定要满足以下要求：

1. 辅食必须含有碳水化合物。富含碳水化合物的食材主要有米、面粉、土豆、红薯、山药等。

2. 辅食必须含有蛋白质。蛋类、肉类、鱼类、豆制品、乳制品都含有丰富的蛋白质。

3. 辅食必须含有维生素和矿物质。新鲜的蔬菜和水果中维生素和矿物质的含量丰富，菌藻、坚果等的矿物质含量比较丰富。

聪明宝宝一日营养计划

	时间	内容
上午	6：00	母乳或配方奶250毫升
	8：00	鲜豆浆或粥1/2~1碗，咸蛋1/4个，馒头片2片
	10：00	母乳或配方奶150毫升，饼干2块
	12：00	软饭1碗，红烧瘦肉末4小匙
下午	15：00	果酱小面包1个，水果泥2大匙
	18：00	鸡汤煮小馄饨1碗，碎蔬菜2大匙
晚上	21：00	母乳或配方奶200毫升

鱼肝油每天服1次

改善
缺铁性贫血

玉米肉圆

材料 猪肉馅150克，鸡蛋1个，玉米面、淀粉各适量。

做法

❶ 在猪肉馅中放入鸡蛋、淀粉调匀，沿顺时针方向搅拌。

❷ 将肉馅分成一个个的小丸子，每个丸子裹上一层玉米面，码入盘内，入锅中以中火蒸8分钟即可食用。

健脑益智
提高造血功能

水果蛋羹

材料 鸡蛋1个，哈密瓜25克。

做法

❶ 将哈密瓜去皮除籽，洗净，放入搅拌机中搅打成泥。

❷ 将鸡蛋洗净，磕入碗中，打散，加适量清水搅拌均匀，送入蒸锅，蒸锅内的水开后蒸8分钟，取出，凉至温热，放上哈密瓜泥即可。

妈妈们一定要知道的事

鸡蛋富含卵磷脂，哈密瓜富含维生素C，两者搭配食用，能让宝宝更聪明。

鲜汤小饺子

材料　小饺子皮10个，肉末30克，白菜50克，鸡汤少许。

做法

①　白菜洗净，切碎，与肉末混合搅拌成饺子馅。

②　取饺子皮托在手心，把饺子馅放在中间，捏成饺子。

③　锅内加适量水和鸡汤，大火煮开，放入饺子，盖上盖煮开后，揭盖反复加3次凉水分别煮开即可。

 鸡汤也可以用煮排骨或猪棒骨的汤代替。

促进生长发育
预防夜盲症

胡萝卜小鱼粥

材料　白粥30克，胡萝卜30克，小鱼干1大匙。

做法

①　胡萝卜洗净，去皮，切末。小鱼干泡水洗净，沥干。

②　将胡萝卜、小鱼干分别煮软，捞出，沥干。

③　锅中倒入白粥，加入小鱼干搅匀，最后加入胡萝卜末煮滚即可。

 粥煮好后淋入一些香油，能让宝宝更好地吸收胡萝卜中的胡萝卜素。

补钙
增强免疫力

1~1.5岁宝宝
同步喂养方案

宝宝的营养需求

1~1.5岁宝宝每日膳食需求总量参考表

食物种类	食物量
主食	100~150克
油	10~15克
蔬菜	50~100克
鱼、肉、猪肝	30~50克
豆制品	15~20克
配方奶	300~500毫升
蔬菜	50~100克
油	10~15克

专家建议

★ 忌给宝宝吃补品

有些爸爸妈妈认为给宝宝吃补品更有利于身体健康，于是给宝宝吃人参糖、人参饼干，喝人参奶粉、人参可乐，有的还给宝宝吃冰糖燕窝。这些补品如果让老人或患者服用有一定益处，但让宝宝食用却是有害的，因为人参可促进激素分泌，燕窝可促进性腺功能发育，宝宝食用后，可能会发生性早熟。另外，补品中含有的激素或激素类物质会导致宝宝骨骺提前闭合，缩短骨骼生长期，导致身材矮小。所以，爸爸妈妈们一定要记住，5岁以内的宝宝不应吃补品！

★ 合理选择零食

给宝宝选择什么样的零食，给多少零食，应该根据宝宝的实际情况来决定。对于一日三餐都能好好吃，体重也达到标准的宝宝，尽量不要给零食了，而应该给一些应季的水果；对于只吃乳制食品，不懂得咀嚼的宝宝，应该给予苹果片、梨片或者酥脆饼干吃；饭量小的宝宝，可以通过吃苏打饼干来补充营养；不喜欢吃鱼、肉的孩子，可以多吃牛奶、鸡蛋等食物。

哺喂课堂

★ 不要让宝宝吃大人的食物

这时的宝宝开始长出臼齿，能正式咀嚼并吞咽食物，一天三餐都可以和爸爸妈妈一起上餐桌吃。有时宝宝会想吃大人的食物，但是不要给他，因为大人的食物对宝宝来说过于硬和咸。

总的来说，给宝宝做的饭应比较软，汤应该比较淡，菜应不油腻刺激。妈妈单独给宝宝做汤和菜会比较麻烦，可以在做大人的饭菜的时候，在调味前留出宝宝吃的量，单独调味，捣碎后再喂给宝宝。

另外，爸爸妈妈不要把自己咀嚼后的食物喂给宝宝吃，这样会把大人口中的细菌带入宝宝体内，容易引发各种疾病。

★ 不可缺少动物性食物

动物性食物是1岁以上宝宝不可缺少的食物。宝宝适当吃些动物性食物有利于生长发育。动物性食物含有宝宝所需的大量营养物质，就蛋白质而言，动物性食物中的氨基酸比例与人体的很接近，更易被人体吸收、利用。

另外，动物性食物在供给热量、促进脑发育、促进脂溶性维生素的吸收与利用方面功不可没。它含有的多种不饱和脂肪酸是宝宝体格和智力发育的"黄金物质"。

★ 适当控制肥胖宝宝的饮食

对于体重严重超标的宝宝，一定要适当控制饮食。妈妈们要知道以下的饮食要点：尽可能在家吃饭，因为外面的食物热量及脂肪含量较高，会加重肥胖；如果宝宝喜欢吃零食，可将糖果、巧克力、点心等甜食换成酸奶、水果等低脂高膳食纤维的食物；少喝饮料，多喝白开水。此外，妈妈们还要注意，宝宝的饮食要定时定量、口味清淡，减少脂肪类食物的摄入量，还要让宝宝养成细嚼慢咽的好习惯。

聪明宝宝一日营养计划	
7：00~7：30	蛋炒饭50克，肉末菠菜汤50克
9：00~10：00	配方奶150~180毫升
12：00~12：30	花卷50克，豆腐小白菜汤40克，炒黄瓜片50克
15：30~16：00	苹果50克
18：00~18：30	米饭40克，猪肝炒黄瓜50克，炖豆腐30克
20：30~21：00	配方奶200~250毫升

增强食欲
促进肠道蠕动

双色饭团

材料　米饭100克，腌渍鲔鱼20克，菠菜30克，鸡蛋1个，海苔片2片。

调料　番茄酱少许。

做法

❶ 制作茄汁饭团：腌渍鲔鱼压碎，和番茄酱一起拌入米饭中，做成球形的饭团，放在海苔片上即可。

❷ 制作菠菜饭团：菠菜洗净，烫熟，挤干水分并切碎，鸡蛋煮10分钟至熟，取半个切碎，将菠菜碎、鸡蛋碎和米饭混合，做成球形的饭团，放在海苔片上即可。

利尿通便
清热解毒

小白菜丸子汤

材料　小白菜300克，猪肉馅100克。

调料　盐少许，鸡蛋清、鲜汤、香油各适量。

做法

❶ 将小白菜择洗干净，切成段。猪肉馅加盐、鸡蛋清拌匀，用手挤成小丸子。

❷ 汤锅置火上，加适量鲜汤煮沸，下入小丸子煮熟，下入小白菜煮沸，加入盐、香油调味即可。

妈妈
烹调笔记

小白菜上的残留农药较多，烹调前用淘米水浸泡10分钟，能有效去除残留农药。

水果豆腐

材料 嫩豆腐30克，橘子瓣8个，番茄15克。

做法

① 豆腐倒入开水中煮熟，捞出。

② 取橘子瓣，切碎。

③ 番茄洗净，去皮，切碎。

④ 将豆腐、橘子、番茄倒入碗中，拌匀即可。

提高
免疫力

妈妈们一定要知道的事

不要让宝宝一次吃太多的橘子，容易上火，出现大便干燥等症状。

奶汁西蓝花

材料 西蓝花50克，牛奶150毫升。

做法

① 西蓝花择洗干净，掰成小朵，放入沸水中焯1分钟，捞出，沥干水分，捣碎。

② 汤锅内加入牛奶和适量清水烧沸，放入西蓝花搅拌均匀即可。

促进
骨骼生长

妈妈们一定要知道的事

吃西蓝花时要让宝宝细嚼慢咽，这样更有利于营养的吸收。

1.5~2岁宝宝
同步喂养方案

宝宝的营养需求

1.5~2岁宝宝每日膳食需求总量参考表

食物种类	食物量
主食	150~200克
油	10~15克
蔬菜	50~100克
鱼、肉、猪肝	50~75克
豆制品	20克
配方奶或牛奶	250~500毫升
水果	50~100克
鸡蛋	50克（1个）

专家建议

★ 别忘了给宝宝补锌

在这个阶段，妈妈们要注意给宝宝补锌了。锌是宝宝生长发育期很重要的一种微量元素。宝宝缺锌，骨骼细胞将无法增殖，会引起生长发育障碍，甚至引发某些疾病，因此应该尽早给宝宝添加富含锌元素的辅食。妈妈们在日常的饮食中要注意多给宝宝吃些含锌量丰富的食物，如牡蛎、牛奶、虾等。总的来说，动物性食物含锌量比植物性食物高。

★ 宝宝的辅食应粗细搭配

妈妈们在给宝宝添加辅食时，选用最多的是精米、精面等口感很好的食物。其实从营养角度来说，粗粮的营养价值比精米、精面高。我们平时说的粗粮包括玉米、小米、紫米、黑米、燕麦、荞麦、高粱米、大麦、麦麸、红薯、山药、马铃薯及各种豆类等。

细粮含有较多的氨基酸，相比于粗粮更容易被身体消化和吸收，且口感好；粗粮中维生素B族的含量较高，并且含有大量的膳食纤维，但口感有些粗糙。粗细粮搭配，不但可以淡化粗粮粗糙的口感，而且能使粗、细粮中的营养成分形成互补，更有助于宝宝对营养素的摄取。

妈妈们要注意，由于宝宝消化吸收功能较弱，不宜过多食用粗粮，可以按1份粗粮+4份（或更多）细粮的比例进行搭配，比如一星期内可以给宝宝吃2~3次粗粮。

哺喂课堂

★ 不宜给宝宝吃的危险食物

1. 不宜给宝宝吃带刺的鱼、带骨头的肉，以免鱼刺或骨头卡在宝宝的喉咙里。

2. 不宜给宝宝吃颗粒状的食物，比如花生米、瓜子、开心果、杏仁、核桃仁、糖球、黄豆、爆米花等，因为这些食物容易被宝宝吸入气管，给宝宝带来生命危险。

除了不宜给宝宝吃以上这些危险食物，方便面、可乐、罐头等不健康食品也不宜给宝宝吃，否则容易给宝宝的健康带来危害，爸爸妈妈们一定要注意了。

★ 宝宝吃多了怎么办

爸爸妈妈在给宝宝添加辅食时，不容易掌握宝宝的进食量，很容易造成宝宝吃多的现象。宝宝吃了过量的食物，容易造成肠胃不适，诱发肠套叠，出现急性腹部疼痛。

若宝宝突然不爱吃饭，可带宝宝到医院让医生检查一下是否有积滞现象，如果有，应在短时间内先不喂任何食物，让其自行消化，等到胃中的食物消化得差不多时，再喂一些牛奶或粥等易消化的食物。

★ 为偏食宝宝补充营养的方法

偏食的宝宝很可能身体里缺少某一种营养素，比如缺了锌胃口就不好，妈妈们要注意多给宝宝吃些富含锌的食物。另外，纠正偏食还可以从改掉不良的饮食习惯入手，比如把宝宝不喜欢的食物掺在喜欢的食物里，并且在宝宝进食的时候多表扬他不挑食等，宝宝听了表扬的话，就更有信心改正偏食的毛病了。

● 聪明宝宝一日营养计划

7：30~8：00	小米粥100克，煮鸡蛋1个，黄瓜烧肉片1小盘
10：00~10：30	酸奶100克，饼干30克
15：00~15：30	蛋糕50克，猕猴桃1个
18：00~18：30	红豆饭60克，芹菜炒鸡肉100克

聪明宝宝营养食谱

养心健脾
增强记忆力

果酱松饼

材料 低筋面粉50克，配方奶粉25克，鸡蛋1个，白糖5克，果酱5克。

调料 植物油适量。

做法

① 低筋面粉和配方奶粉一起过筛子，加入鸡蛋、白糖和适量的水，和成面糊。

② 将植物油倒入平底锅中烧热，分次倒入面糊，煎成金黄色，蘸果酱食用即可。

 妈妈们一定要知道的事

宝宝不要吃得太甜，否则易消耗体内的钙。

改善
缺铁性贫血

菠菜肉羹

材料 菠菜100克，瘦猪肉25克。

调料 鸡蛋清、水淀粉、盐、香油各适量。

做法

① 菠菜择洗干净，焯水，切末。瘦猪肉洗净，剁成肉末，加鸡蛋清和水淀粉拌匀。

② 锅置火上，倒入适量清水烧沸，放入肉末煮熟，下入菠菜末搅拌均匀，加适量盐调味，用水淀粉勾薄芡，淋上香油即可。

妈妈们一定要知道的事

圆叶菠菜的草酸含量较尖叶菠菜高，应尽量给宝宝食用尖叶菠菜，且食用前应焯水。

熘鱼片

材料 净鱼肉片（无刺）250克，冬笋片100克。

调料 高汤300克，植物油、香油、盐、鸡蛋清、水淀粉各适量。

做法

① 鱼肉片中加鸡蛋清、水淀粉上浆。

② 取碗，放入高汤、盐、水淀粉、香油，兑成芡汁。

③ 炒锅置火上，倒入植物油烧热，将鱼片放入锅内滑散，捞出沥净油。

④ 锅内留底油烧热，放入冬笋片煸透，淋入芡汁烧至浓稠，下入鱼片，翻搅均匀即可。

滋补健胃
养肝补血

鸡肉烧金针菇

材料 鸡胸肉50克，金针菇100克。

调料 盐、植物油各适量。

做法

① 鸡胸肉洗净，剁成泥。金针菇去根，洗净，放入沸水中焯透，捞出沥干水分，切末。

② 炒锅置火上烧热，倒入植物油，放入鸡肉泥炒熟，加金针菇末翻炒均匀，加盐调味即可。

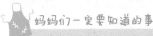
妈妈们一定要知道的事

鸡肉性温，助火，大便干燥或发热的宝宝最好不要吃鸡肉。

预防感冒
健脑益智

2~3岁宝宝
同步喂养方案

宝宝的营养需求

2~3岁宝宝每日膳食需求总量参考表

食物种类	食物量
主食	150~200克
油	10~15克
蔬菜	150~200克
鱼、肉、猪肝	85~105克
豆制品	25~30克
配方奶或牛奶	250~400毫升
水果	50~100克
鸡蛋	50克（1个）

专家建议

★ 少给宝宝吃反季节蔬果

爸爸妈妈们尽量不要给宝宝吃反季节的水果、蔬菜。这些蔬果看着超级诱人，但是对宝宝的身体健康非常不利。

如今反季节蔬果随处可见，行内人一语道破玄机：这大多是用了催熟剂或激素类化学药剂的，一株果树从幼苗长至成熟，可以使用一至十几种激素，使用得较多的是番茄、葡萄、猕猴桃和草莓等。而养殖业使用激素催生饲料，也是非常常见的。

要想让宝宝完全远离激素不太可能，但爸爸妈妈们可以尽量少买反季节蔬果。蔬果在食用前最好先用清水浸泡5分钟，然后用水冲洗，这样可去掉大部分农药。叶菜类的菜梗与茎相接处、果蒂，以及卷心菜外面几层，都容易积留农药，买回来后应注意清洗。

★ 不给宝宝用彩色的餐具

爸爸妈妈最好给宝宝选用浅色或无色的餐具，即使有花纹或图案，也应在餐具的外层或边缘，因为给彩色餐具绘制图案所用的主要原料是彩釉，而彩釉中含有大量的铅，酸性食物可以把彩釉中的铅溶解出来，与食物同时进入宝宝体内。如果宝宝体内含铅量过高，会影响宝宝的智力发育。

另外，给宝宝选购的餐具要符合宝宝的特点，应小巧别致、实用方便，设计应人性化，少棱角，防刮伤。同时，尽量不要选购塑料餐具，因为塑料餐具盛装热食时会渗出有毒物质。

哺喂课堂

★ 合理安排吃零食的时间

妈妈们可以在两餐之间让宝宝吃些零食，比如上午九十点和下午三四点，距离吃完正餐两个多小时的时间比较适宜。由于儿童代谢较成人快，在这个时间段里，宝宝可能会出现轻微的饥饿感。如果能够让他们适量地吃些零食，不但能防止饥饿，而且能为宝宝增加营养，也不会出现吃正餐时没有胃口的情况。

给宝宝吃的零食要选择有营养的品种，比如牛奶、酸奶、水果、蛋糕等，各种薯片、话梅干、果冻等食品营养价值较低，不宜当作宝宝经常吃的零食。

如果宝宝正餐总是吃得不好，可以考虑不要给宝宝吃零食，或在饭后给宝宝吃些开胃小零食，比如山楂糕、果丹皮、杏肉等，这些零食可以促进宝宝消化，让其在吃正餐时保持好胃口。

★ 鱼刺卡在喉咙里的正确处理方法

宝宝吃鱼的时候如果不小心被鱼刺卡到喉咙，爸爸妈妈应让宝宝尽量张大嘴巴，然后找来手电筒照着，观察鱼刺的大小及卡住的位置。如果能够看到鱼刺且所处位置较容易够到，爸爸妈妈中要有一个人固定宝宝的头部并用手电筒照明，另一个人拿用酒精棉球擦拭过的小镊子把鱼刺夹出来。

如果看不到宝宝喉咙中有鱼刺，但宝宝出现吞咽困难伴疼痛，或是能看到鱼刺，但位置较深夹不出来，一定要尽快带宝宝去医院请医生帮忙处理。

鱼刺夹出后的2～3天要注意观察，如宝宝还有咽喉痛或进食不正常等表现，一定要带宝宝到正规医院的耳鼻喉科做检查，看是否有残留的鱼刺没有取出来。

聪明宝宝一日营养计划

7：30～8：00	玉米面发糕80克，牛奶或配方奶150毫升，香菇油菜1小盘
11：30～12：00	软米饭60克，大白菜排骨汤100克
15：00～15：30	面包片2片，橘子1个
18：00～18：30	茴香肉末包子100克，小米粥1小碗
21：00～21：30	牛奶或配方奶250毫升

补充能量
保护肠胃

玲珑牛奶馒头

材料　面粉40克，发粉少许，牛奶20克。

做法

① 将面粉、发粉、牛奶和在一起，饧15分钟。

② 将面团切成4份，揉成4个小馒头，上锅蒸15～20分钟即可。

妈妈
烹调笔记

用牛奶代替水来和面，其中的蛋白质会加强面团的劲力，做出来的馒头会更有弹性，补钙的效果也更佳。

开胃
壮骨增高

白灼虾

材料　鲜虾500克。

调料　葱段、姜片各适量。

做法

① 鲜虾剪须、腿，洗净备用。

② 锅中倒入适量清水，放入葱段、姜片煮开，放入虾煮熟，捞出，晾凉。

③ 给宝宝剥壳食用即可。

妈妈们一定要知道的事

新鲜的虾呈深青色，颜色光亮而不灰暗，色发红、身软、掉腿的虾不新鲜，尽量不吃。

鲜果色拉

材料 樱桃5颗，猕猴桃、香蕉各半个，酸奶100克。

做法

① 将樱桃放入淡盐水中浸泡5~10分钟，洗净，去核，切丁。猕猴桃洗净，去皮，切丁。香蕉去皮，切丁。

② 取碗，放入樱桃丁、猕猴桃丁、香蕉丁，淋入酸奶拌匀即可。

 妈妈们一定要知道的事

樱桃属于温性食物，宝宝吃得太多容易上火，一般一次吃5~6个比较合适。

润肠通便
增强免疫力

清煮嫩豆腐

材料 豆腐150克。

调料 盐、香油、水淀粉各少许。

做法

① 豆腐洗净，切小方丁，浸泡半小时，捞出沥水。

② 锅置火上，加清水和豆腐丁，大火烧沸后转小火煮熟，加盐和香油调味，用水淀粉勾芡即可。

 妈妈们一定要知道的事

宝宝吃豆腐后如果出现腹胀、恶心等不适感，可给宝宝吃些菠萝缓解症状。

帮助消化
增进食欲

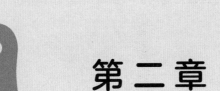

第二章

聪明宝宝的
健康辅食
与母乳同样重要

制作辅食所需的厨具

给宝宝制作辅食用的厨具虽然可以使用平时大人用的器具，但还是建议特别为宝宝准备专用的厨具，因为使用起来比较方便，还会为妈妈们节省很多宝贵的时间。

✦ **计量杯**
在计量汤水时使用，一般为200毫升，也有250毫升的。

✦ **计量勺匙**
方便计量少量食材时使用，一般3个为一组，大匙为15毫升，1/2大匙为7.5毫升，1小匙为5毫升。

✦ **宝宝专用匙**
选婴幼儿专用匙，不锈钢或塑料材质的都可以，要求匙入口部分短、圆且光滑，这样的匙子比较安全。

✦ **擦碎器**
用来将蔬菜或水果擦成细丝、薄片或泥糊。

✦ **打蛋器**
用来将鸡蛋液打散和制作辅食时进行混合稀释搅拌。

✦ **研钵和研棒**
用来捣碎食物。

✦ **婴幼儿专用餐具**
用来盛放辅食和喂食。

✦ **过滤筛**
在榨汁和滤清汤水时使用。

✦ **搅拌机**
用来把食物搅碎，也可用于榨蔬果汁。

辅食食材冷冻储存要点

★ 要点1: 冷冻时间不要超过1个星期

冰箱不是保险箱，里面冷冻的食物也不是永远都能完全保持口感和营养价值的。总体来说，冷冻保存的食品冷冻时间越长，口感和营养价值就越差。给宝宝做辅食用的食品冷冻保存不要超过一个星期。

★ 要点2: 让食物急速冷冻

食物急速冷冻可最大限度地保存食物的口味和营养，这就要求食物的体积不能过大，比如肉类，可以切成片或剁成肉末，分装成每次的用量，食物体积小了就可以实现急速冷冻。食物解冻时要放在15℃以下的室内自然解冻，才不会改变食物的口味或损失营养，最好的解冻方法是放到冰箱的冷藏室内解冻。

★ 要点3: 贴上食物名称和冷冻日期

送进冰箱冷冻的食物很容易变干，可将食物放在保鲜盒或保鲜袋中存放，并在上面贴上食物名称和冷冻日期，这样妈妈们便不会忘记食物的冷冻时间，可在食物最新鲜的时候做给宝宝吃。

自己动手制作天然调味料

给宝宝制作辅食时不放味精或鸡精，总觉得少了点儿鲜味儿，但放了味精又不健康。妈妈们可以将晾至干硬的食材磨成粉，加入辅食中当作味精来调味，不但能使辅食的味道更好，而且能为宝宝补充营养。

★ 香菇粉

取500克鲜香菇去蒂，洗净，在阳光下晒至干透，放入搅拌机的干磨杯中磨成粉后放入密封瓶中保存即可。

★ 海苔粉

取100克海苔片用剪刀剪成小块儿，放入搅拌机的干磨杯中磨成粉后放入密封瓶中保存即可。

★ 虾粉

虾皮用水浸泡，去咸味，捞出后把水挤干，放入炒锅中小火翻炒至虾皮完全失水、颜色微黄，放入搅拌机的干磨杯中磨成粉后放入密封瓶中保存即可。

★ 小鱼粉

取新鲜小银鱼去掉内脏，冲洗干净，沥干水分，在阳光下晒至干透或用微波炉进行干燥，放入搅拌机的干磨杯中磨成粉后放入密封瓶中保存即可。

★ 花生粉

取300克市场上出售的炒熟的带壳花生，去壳后取花生仁放入搅拌机的干磨杯中磨成粉后放入密封瓶中保存即可。

做好的调料粉要放在干燥的环境中保存，千万不要进水或受潮，否则会成团，没法食用。

第5个月
添加流质辅食

辅食种类

婴儿营养米粉是宝宝最好的起始辅食，其中已经强化了钙、铁、锌等多种营养素。宝宝食用后可以获得比较均衡的营养，而且肠胃负担也不会过重。米粉最好在白天喂奶前添加，上午和下午各一次，每次用奶粉罐内的小勺舀取两勺干粉，用温水和成糊喂给宝宝吃。每次喂完米粉后，立即用母乳或配方奶将宝宝喂饱。

辅食添加要点

开始时间	从出生后第5个月开始
宝宝的饮食习惯	让宝宝做好接受新食物和勺子的准备
优选食物	谷物：婴儿营养米粉 其他：红薯、南瓜
制作要点	最初只选用一种食物，逐渐搭配多种食物
每次喂食量	10克（2小勺）左右

辅食烹饪要点

开始时只选用一种食物，做成稀糊，不宜将多种食物掺杂在一起喂给宝宝，在宝宝满5个月后才可以逐渐搭配多种食物。

如果给宝宝喂食稀粥一段时间后宝宝没有异常反应，就可以喂些菜汁、果汁和果泥了。各种新鲜的蔬菜大多可以制成菜汁，妈妈们可以选择油菜、胡萝卜、土豆、南瓜等蔬菜。比较常见的水果泥有苹果泥和香蕉泥。其实，煮熟的果泥比生果汁更适合宝宝，因为即使妈妈们在做辅食的时候把水果洗干净了，但是在削水果皮或榨汁的过程中还是很容易沾染细菌。妈妈们在做果泥时最好先将去皮的水果放入开水中煮熟，再碾成果泥，香蕉除外。

辅食添加疑问解答

★ 制作辅食必须用开水吗

必须用开水，这样可以预防食物中毒和细菌感染。另外，用开水给宝宝煮稀粥可以缩短煮粥时间，防止米中的维生素因长时间高温加热而受到破坏。此外，如果妈妈用自来水给宝宝煮稀粥，自来水中的氯会大量破坏米中的维生素B_1及其他维生素B族。

★ 怎样让宝宝很快地适应勺子喂食

妈妈可以先给宝宝看看勺子，让宝宝知道勺子是什么样的，最好选择颜色或造型可以吸引宝宝注意的样式。宝宝熟悉了勺子后，再吃东西的时候自然就不会排斥勺子了。

最开始使用勺子的时候，可以先用勺子给宝宝喂一些奶，再喂些辅食，这样交替的条件反射可以让宝宝更容易接受勺子。

妈妈用勺子给宝宝喂食时，可以先用盛有少量辅食的勺子轻轻地压着宝宝的舌头，待宝宝将食物吃到嘴里后，妈妈再将勺子拿走。

让宝宝接受勺子喂食不是一件容易的事，妈妈们要多些耐心，慢慢地宝宝就会习惯勺子了。

★ 菜汁和果汁可以一次做出一天的量吗

给宝宝喝的菜汁或果汁最好现做现喝，妈妈们一次别做出很多，因为蔬菜和水果富含维生素C等营养素，做好的菜汁和果汁如果不马上饮用，放置时间越长，其中的营养成分损失越多。妈妈们一定要记住，隔天的菜汁和果汁一定不能再喂给宝宝了，因为它们不但几乎没有营养，而且不新鲜了，可能导致宝宝拉肚子。

★ 应该先喂菜汁还是果汁

给宝宝先喂菜汁或先喂果汁都可以，但妈妈们一定要注意，喂给宝宝的果汁一定不能太甜，不然会使宝宝对甜味产生依赖而拒绝喝菜汁。如果是比较甜的果汁，妈妈们一定要先在果汁中加些温开水，冲淡甜味后再喂给宝宝。

和五脏
养胃

大米汤

材料 精选大米100克。

做法

① 大米淘洗干净，加水大火煮开，转小火慢慢熬成粥。

② 粥好后，放置几分钟，用勺子舀出上面不含饭粒的米汤，凉至温热即可喂食。

妈妈
烹调笔记

大米煮制前不宜用水浸泡，淘米次数尽量少，这样煮出的大米汤能较好地保留大米中的营养。

增强免疫力
平衡营养

挂面汤

材料 鸡蛋挂面1份。

做法

挂面在开水中煮约15分钟，舀汤凉至温热后喂食。

妈妈
烹调笔记

用慢火煮挂面，煮出的挂面汤汤清、口感好。

玉米汁

材料　甜玉米2根（净重约250克）。

做法

① 甜玉米剥皮去须，洗净，放入锅中加适量清水煮熟，晾凉。

② 把玉米粒掰下，将玉米粒放入榨汁机中，加适量饮用水搅打，打好后倒出，过滤一下，即可喂食。

妈妈们一定要知道的事

煮好的玉米最好马上取出沥干水分，不要长时间浸泡在煮玉米的水中，否则玉米的香味就不浓郁了。

增强记忆力
预防宝宝便秘

南瓜汁

材料　南瓜100克。

做法

① 南瓜去皮、瓤，切成小丁，蒸熟，然后将蒸熟的南瓜用勺压烂成泥。

② 在南瓜泥中加入适量开水稀释调匀后，放在干净的细漏勺上过滤一下，取汁喂食即可。

妈妈们一定要知道的事

南瓜去皮越薄越好，因为距离南瓜皮越近的部分，营养越丰富。

驱虫解毒
健胃助消化

有助于荨麻疹
的消退

小白菜汁

材料 小白菜250克。

做法

❶ 小白菜洗净，切段，放入沸水中焯烫至九成熟。

❷ 将小白菜放入榨汁机中加饮用水榨汁，过滤后即可喂食。

 妈妈们一定要知道的事

小白菜中含有多种营养素，不会引起过敏反应。1岁以内的宝宝可以多多食用。

清热解毒
利尿消肿

西瓜汁

材料 西瓜250克。

做法

❶ 西瓜去皮、籽，切成小块。

❷ 将西瓜块放入榨汁机中搅打成汁，打好后倒出，过滤后即可。

 妈妈们一定要知道的事

大便稀溏的宝宝最好少喝西瓜汁。

玉米面粥

材料 玉米面50克。

做法

① 将玉米面放入碗中，加入温水搅打成糊待用。

② 锅中放水煮沸，加入玉米面糊，煮至黏稠即可。

健胃宽肠
利尿止淋

妈妈们一定要知道的事

给宝宝喂食玉米面粥时，宜同时给宝宝吃些豆腐泥，有助于全面吸收玉米中的营养。

南瓜米糊

材料 大米、糯米各20克，南瓜20克。

做法

① 大米、糯米淘洗干净，用清水浸泡2小时。南瓜洗净，去皮，除子，切成粒。

② 将大米、糯米和南瓜粒倒入全自动豆浆机中，加水至上、下水位线之间，煮至豆浆机提示米糊做好即可。

增强食欲
预防口腔溃疡

妈妈
烹调笔记

宜选老一些的南瓜，老南瓜口感又面又甜，做出的米糊会更香甜。

第6个月
添加吞咽型辅食

辅食种类

对于辅食添加初期的宝宝来说，米粥是最理想的食物。米粥的具体做法是将淘洗好的大米倒入小锅中，加入10倍于米的水，用中火煮沸后转小火煮40分钟左右，然后将煮好的粥放进搅拌机中把米粒打碎，或把米粒捞出来用磨臼捣烂，使粥中不要有颗粒状的米粒，尽量做成稀糊。随着宝宝逐渐长大，煮粥时的加水量要逐渐减少，制成7倍粥、5倍粥，喂食1~2周，如果宝宝没有出现过敏症状，就可以在米粥中加蔬菜了。

辅食添加要点

开始时间	从出生后第6个月开始
宝宝的饮食习惯	会模仿爸爸妈妈吃东西时的嘴型
优选食物	谷物：大米 薯类：红薯 水果：香蕉、苹果、西瓜 蔬菜：南瓜、豌豆、扁豆、西蓝花、菜花、油菜、圆白菜、蘑菇、胡萝卜
制作要点	要将稀粥煮成像酸奶、糨糊一样的流质食物 如果宝宝常把喂进的食物吐出来，妈妈就要更换食材或对食物进行细加工
每次喂食量	喂米粥从1小勺（5克）开始，宝宝满6个月时达到50克；喂蔬菜粥从1小勺开始，宝宝满6个月时达到4小勺

辅食烹饪要点

✦ 不需要调味

添加辅食早期应保持食材原有的味道,不需要添加调味料。只有在宝宝确实不喜欢辅食味道的时候,妈妈们才可以用添加配方奶粉或果汁的方法来引起宝宝的兴趣。

✦ 用一种食材连续做3~4天

为了仔细观察宝宝吃各种食材的反应,妈妈们要用一种食材连续做3~4天,然后再换另一种食材。每隔1~2周,妈妈们要在食谱中添加一种蔬菜,使6个月大的宝宝能吃到3~4种蔬菜。

辅食添加疑问解答

✦ 宝宝不吃煮鸡蛋黄怎么办

妈妈们可以先把煮好的鸡蛋黄放入小碗中压碎,用米汤把蛋黄搅拌成糊,先喂两口米汤,再喂一口蛋黄,或者把鸡蛋黄放在米粉里搅拌均匀,和米粉一起喂给宝宝吃。

✦ 鱼刺太多不好处理怎么办

妈妈们在对鱼进行处理时,要先将鱼头和鱼尾去掉,再将鱼皮和鱼骨去掉,只留下鱼肉。把鱼肉蒸熟后,用纱布将鱼肉包紧,用小勺一点点地刮下从纱布缝隙中挤出的鱼肉,这时即使还有鱼刺,透过纱布也能很容易地发现。

✦ 宝宝的辅食越碎越好吗

细、碎、软、烂——这是多数爸爸妈妈在给宝宝添加辅食时遵循的准则,因为在他们看来,只有这样才能保证宝宝不被卡到,吸收更好。可事实上,宝宝的辅食不宜过分精细,且要随月龄的增长而变化,以促进他们咀嚼能力和颌面部的发育。

4~7个月的宝宝,辅食以糊状、泥状和半固体状为佳。6个月后可适当增加一些颗粒状食物。

8~12个月的宝宝进入牙齿生长期,这时候可喂一些烂面条、肉末蔬菜粥、烤面包片等,并逐渐增大食物的体积,由细变粗,由小变大,而不是一味地将食物剁碎、研磨。

宝宝1岁以后,软饭、饺子、馄饨、细加工的蔬菜和肉类都可以帮助他巩固咀嚼功能的发育。宝宝可以用牙齿将粗、硬的食物咬磨细碎。

宝宝2岁以后,牙齿已经成形,食物的软硬、粗细程度基本上可以和成人一致了,但要避免调味过重。

促进神经
系统发育

蛋黄泥

材料 生鸡蛋1个。

做法

① 将鸡蛋放入锅中煮熟。

② 剥开鸡蛋，取蛋黄，再加适量温开水调匀成泥即可。

 妈妈们一定要知道的事

煮鸡蛋时要把握好时间，以免蛋黄表面发灰。嫩蛋黄最易于宝宝消化吸收。

润肠通便
改善烦躁情绪

香蕉粥

材料 香蕉1/4个，大米20克。

做法

① 大米淘洗干净，取香蕉肉碾成泥。

② 小奶锅置火上，放入大米和10倍于米的水，用中火煮沸后转小火煮40分钟左右，离火，凉至温热后倒入搅拌机中把米粒打碎，然后在米粥中加入香蕉泥搅拌均匀即可。

 妈妈们一定要知道的事

便溏腹泻的宝宝不宜多吃、生吃香蕉。

菜花米糊

材料 大米20克，菜花30克。

做法

① 将大米洗净，浸泡20分钟，放入搅拌机中磨碎。

② 将菜花放入沸水中烫一下，去掉茎部，将花冠部分用刀切碎。

③ 将磨碎的米和适量水倒入锅中，大火煮开，放入菜花，转小火煮开。

④ 用过滤网过滤，取汤糊喂食即可。

妈妈烹调笔记 菜花烹调前放在盐水中浸泡几分钟，可以清除菜虫和残留的农药。

提高宝宝免疫力

圆白菜米糊

材料 大米20克，圆白菜10克。

做法

① 将大米洗净，浸泡20分钟，放入搅拌机中磨碎。将圆白菜洗净，放入沸水中充分煮熟，用刀切碎。

② 将磨碎的大米倒入锅中，大火煮开，放入圆白菜，调小火煮开。

③ 用勺子将米捣碎成糊即可喂食。

妈妈们一定要知道的事

圆白菜膳食纤维含量高，且质地硬，脾虚和腹泻的宝宝不宜多吃。

促进消化预防便秘

清热解毒
补血养肝

玉米米糊

材料　大米40克，鲜玉米粒30克，绿豆20克，红枣5枚。

做法

① 绿豆淘洗干净，用清水浸泡4~6小时。大米淘洗干净。红枣洗净，去核，切碎。鲜玉米粒洗净。

② 将大米、绿豆、鲜玉米粒和红枣碎倒入全自动豆浆机中，加水至上、下水位线之间，煮至豆浆机提示米糊做好即可。

妈妈们一定要知道的事

绿豆性凉，最好不要给怕冷的宝宝吃绿豆，以免体质更加寒凉。

润肠通便
改善消化不良

土豆米糊

材料　大米20克，土豆10克。

做法

① 大米洗净，浸泡20分钟，放入搅拌机中磨碎。

② 将带皮土豆充分蒸熟，然后去皮捣碎。

③ 把磨碎的大米和适量水倒入锅中，大火煮开后，放入土豆碎，转小火煮烂。

④ 用过滤网过滤，取汤糊即可。

妈妈们一定要知道的事

土豆去皮不宜厚，越薄越好，因为土豆皮中含有较丰富的营养物质。

花生米糊

材料　大米60克，熟花生仁20克。

做法

① 大米淘洗干净，用清水浸泡2小时。

② 将大米和熟花生仁倒入全自动豆浆机中，加水至上、下水位线之间，煮至豆浆机提示米糊做好即可。

健脑
润肺化痰

妈妈
烹调笔记

用炒熟的花生仁来做这道米糊，味道会更香浓。

糯米糊

材料　大米30克，糯米60克。

做法

① 大米、糯米淘洗干净，用清水浸泡2小时。

② 将大米、糯米倒入全自动豆浆机中，加水至上、下水位线之间，煮至豆浆机提示米糊做好即可。

健脾养胃
止虚汗

妈妈们一定要知道的事

患有呼吸道疾病的宝宝应尽量避免吃糯米，以防加重病情。

第7~9个月
添加蠕嚼型辅食

辅食种类

从添加辅食中期开始，妈妈们要让宝宝尝试不同的食物味道，宝宝的食谱应丰富多样，要注意合理搭配谷物、蔬菜、肉类、海鲜等食物，最重要的是，这样能让宝宝均衡地摄取营养。在这个阶段，妈妈们要适当多给宝宝添加些鸡肉、瘦牛肉、鱼肉等有利于大脑发育的食物。在使食谱丰富多样的同时，妈妈们还要密切关注宝宝的反应，一旦出现过敏症状，要马上更换食谱。

辅食添加要点	
开始时间	从出生后第7个月开始
宝宝的饮食习惯	开始闹着要自己拿勺子吃饭
优选食物	谷物：玉米、馒头片、面条 水果：香蕉、苹果、白梨 蔬菜：南瓜、土豆、菠菜、胡萝卜、西蓝花、洋葱 肉类：瘦牛肉、鸡胸肉 海鲜：鳕鱼肉、虾 其他：蛋黄、豆腐、海带末
制作要点	宝宝的食谱应丰富多样 可添加像豆腐这样软硬适中的块状食物，食物的软硬程度以用手能轻轻捏碎为宜
每次喂食量	每次喂100克半固体食物、30克蔬菜

辅食烹饪要点

在这个阶段，宝宝不但吞咽食物的速度加快，而且能够熟练地用舌头来搅拌食物。这时，妈妈们可以在宝宝的辅食中添加像豆腐这样软硬适中的块状食物，食物的软硬程度以用手能轻轻捏碎为宜。如果宝宝对这样的食物硬度接受性良好，妈妈们可以逐渐在此基础上再提高食物的硬度。

辅食添加疑问解答

☙ 宝宝这几天突然变得没有食欲怎么办

这是辅食添加中期宝宝经常出现的中途食欲衰退现象，只要宝宝身体健康，精神状态良好，妈妈们就不必担心，一般过一周左右的时间，宝宝便会恢复原有的食欲。这时，妈妈们可以变换食物种类及烹调方式，或者给宝宝换一套他喜欢的餐具等，应该会有不错的效果。

☙ 怎样才能知道宝宝是不是吃饱了

如果宝宝吃着吃着身体向后靠在椅子上，把头从食物的方向移开，开始玩勺子，或者不愿意再张嘴吃饭，这很可能是宝宝已经吃饱了。但是，有时候宝宝不张嘴是因为上一口饭还没吃完，所以妈妈们应留出足够的时间给宝宝咀嚼吞咽食物。

☙ 宝宝一直吃自制米粉好吗

自制米粉的主要原料是大米，大米中铁和锌的含量较低，如果只是单纯给宝宝吃这种米粉，宝宝容易缺铁、锌。因此，妈妈们最好能给宝宝吃些非自制的婴儿营养米粉，婴儿营养米粉不只是用大米制成的，里面还特别添加了婴儿所需的维生素、铁、锌等营养素。

☙ 添加蠕嚼型辅食时能给宝宝吃零食吗

添加蠕嚼型辅食的宝宝基本上都处于萌牙阶段，这时可以给宝宝吃些手指饼干等小零食，吃零食的时间最好为上午和下午各一次，但不能吃得太多，以20～30克为宜，因为有些宝宝过胖，就与吃零食太多有关。

☙ 给宝宝制作的辅食可以用蜂蜜调味吗

不可以，因为蜂蜜中含有肉毒梭菌，而肉毒梭菌的芽孢适应能力很强，既耐严寒，又耐高温，能够在连续煮沸的开水中存活6～10小时。如果婴儿食入的肉毒梭菌在肠道内繁殖，加上婴儿肝脏的解毒功能差，易引起肉毒梭菌中毒。中毒的婴儿可出现哭声微弱、吸奶无力、呼吸困难等症状。因此，婴幼儿最好不要吃蜂蜜，特别是1岁以内的婴儿忌食蜂蜜。

☙ 怎样做肉类食物容易让宝宝吞咽

在买肉时，妈妈可以挑选油脂比较多的部位，用绞肉机重复绞碎两次。烹煮时，先在绞好的肉中加入少许淀粉及少许酱油调和去腥，然后用沸水煮熟，边煮边搅拌，以免碎肉黏成一团，之后可以加入稀饭一起烹煮。

消肿解毒
宽肠通便

油菜土豆粥

材料 大米20克，土豆、油菜各10克，洋葱5克，海带汤150毫升。

做法

① 大米洗净，浸泡半小时。

② 土豆和洋葱去皮，洗净，切碎。

③ 将油菜洗净，用开水烫一下，去茎，菜叶部分切碎。

④ 将大米和海带汤放入锅中大火煮开，转小火煮熟，再放入土豆碎、洋葱碎、油菜叶末煮熟即可。

预防便秘
增强免疫力

青菜烂粥

材料 大米30克，青菜50克。

做法

① 将大米洗净，浸泡1小时，连水放入锅中用中火煮开，转小火继续熬煮。

② 青菜洗净切末，放入米粥中，继续煮至粥稠烂即可。

 妈妈们一定要知道的事

宝宝胃口不好时，最好喂煮得烂烂的粥，容易消化。

芋头玉米泥

材料 芋头、玉米粒各50克。

做法

① 芋头去皮，洗净，切成块，放水中煮熟。

② 玉米粒洗净，煮熟，然后放入搅拌机中搅拌成玉米浆。

③ 用勺子背面将熟芋头块压成泥，倒入玉米浆，拌匀即可。

 妈妈们一定要知道的事

芋头中淀粉含量较高，一次不要给宝宝吃得过多，否则会导致腹胀。

健脑
防龋齿

核桃牛奶

材料 核桃50克，配方奶粉6勺。

做法

① 核桃放入烤箱内烤熟，后用碾钵碾成碎末（或用搅拌机粉碎成核桃末）。

② 用适量温水将配方奶粉冲开，放入核桃末，调匀即可。

 妈妈们一定要知道的事

核桃性温，爱上火的宝宝应少吃核桃，以免加重上火症状。

补钙
健脑益智

消肿止痛
促进骨骼和
牙齿发育

茄子泥

材料 嫩茄子半个。

调料 芝麻酱、香油各少许。

做法

① 将茄子洗净，去皮，切成1厘米宽的细条。

② 把茄子条放入蒸锅中蒸至软烂。

③ 将蒸烂的茄子用过滤网挤成茄泥，放入少许芝麻酱、香油拌匀即可。

妈妈们一定要知道的事

芝麻酱富含铁，宝宝常食能帮助预防贫血。

健脑益智
补血养肝

肉末蛋羹

材料 鸡蛋1个，瘦猪肉25克。

调料 植物油、酱油各少许。

做法

① 鸡蛋洗净，打散，加适量清水搅匀，水开后蒸8分钟，取出。瘦猪肉洗净，剁成肉末。

② 锅内倒油烧热，放入肉末煸熟，淋少许酱油，盛到蛋羹上即可。

 妈妈们一定要知道的事

鸡蛋最好和面食（如馒头、面包等）一起吃，可使鸡蛋中的蛋白质最大限度地被宝宝吸收。

白萝卜鸡肉泥

材料 白萝卜、鸡胸肉各 50 克。

做法

❶ 鸡胸肉洗净，切成小丁。白萝卜洗净，去皮，切成小丁。

❷ 锅中倒入适量清水，放入鸡丁和萝卜丁，中小火煮10 分钟左右至变软。

❸ 将煮好的鸡丁和萝卜丁倒入碗中，加入适量炖鸡肉、萝卜的汤汁搅匀即可。

健胃消食
改善贫血

妈妈们一定要知道的事

鸡肉含蛋白质及钙、磷、铁等矿物质，营养丰富。白萝卜有促进消化、增强食欲的作用。

菠菜鸡肝泥

材料 菠菜20克，鸡肝10克。

做法

❶ 鸡肝清洗干净，去筋膜，剁碎成泥。

❷ 菠菜洗净后，放入沸水中焯烫至八成熟，捞出，晾凉，切碎，剁成蓉。

❸ 将鸡肝泥和菠菜蓉混合搅拌均匀，放入蒸锅中大火蒸5分钟即可。

保护眼睛
补铁补血

妈妈们一定要知道的事

一次不宜给宝宝吃太多的鸡肝，以免摄入太多的胆固醇。每天以吃5~10克肝脏类食物为宜。

第**10~11**个月
添加细嚼型辅食

辅食种类

★ 碳水化合物、蛋白质、维生素三者合理搭配

在这个阶段，宝宝辅食的进食量增加，妈妈们要给宝宝制订营养均衡的食谱。米饭、面条、馒头片富含碳水化合物，新鲜的蔬菜和水果富含维生素，瘦牛肉、鸡蛋、鱼肉等富含蛋白质。妈妈们要注意将富含这三种营养素的食物搭配在一起给宝宝做辅食。

辅食添加要点	
开始时间	从出生后第10个月开始
宝宝的饮食习惯	宝宝开始有自己喜欢吃的食物，不要让宝宝边吃饭边玩
优选食物	谷物：玉米、面条 蔬菜：菠菜、南瓜、胡萝卜、白萝卜、蘑菇、豆芽、番茄、青椒 水果：苹果、梨、橙子、香瓜 肉类：瘦牛肉、鸡胸肉 海鲜：鳕鱼、虾、蟹、蛤蜊、青鱼 其他：鸡蛋、豆腐、海带末、核桃仁、红豆、红薯
制作要点	煮熟的米粥要能看清米粒的形状 食物硬度以宝宝能用门牙或牙龈嚼碎、妈妈们能用手捏碎为宜 肉丸子这样的硬度非常适合这个阶段的宝宝
每次喂食量	每次喂100克半固体食物、40克蔬菜

辅食烹饪要点

这一阶段的辅食已经不再是流食了，妈妈们要把食物做成适合宝宝小嘴的大小，培养宝宝细嚼慢咽的良好进餐习惯。给宝宝做的食物硬度以宝宝能用门牙或牙龈嚼碎、妈妈能用手捏碎为宜。

辅食添加疑问解答

★宝宝突然拉坚硬的圆状便便，并且排便困难怎么办

一般来讲，宝宝出现这种状况说明摄入的水不够。妈妈们应该以给宝宝补充水分为主，可给宝宝喂些凉开水、果汁等，同时注意在辅食中添加些绿叶蔬菜、海带、木耳等食物，因为这些食物富含膳食纤维，可润肠通便，预防便秘。

★宝宝不吃口味淡的食物，就喜欢吃带咸味的食物，有什么解决办法吗

如果妈妈们已经给宝宝的辅食中添加了盐，盐的用量应控制在极少的量。如果宝宝开始拒绝口味较淡的食物，可将盐集中用在一道菜中，用量要比以前少，其他的菜就不要再加盐调味了，也可以换水果、酸奶等酸味的食物调味试试。只要调味恰当，就可以满足宝宝的口味需求。

★喂正常的辅食量宝宝却吃不饱，喂食的分量有严格的限制吗

只要宝宝有胃口，多喂一些没关系，但富含蛋白质的食物不能给宝宝多吃，不然会增加宝宝肾脏的负担。蔬菜可以不必过于顾虑摄取量，如果真的担心宝宝吃得过多，可将食物稍微烹调得硬一些，因为要花费力气咀嚼，宝宝就不会吃得太多了。另外，可将食物切得大一些，或者减少稀饭中的水量。

★宝宝一天只有一顿饭吃得好，其他几顿都没有胃口是怎么回事

只要宝宝能吃就好，如果宝宝吃完饭以后精神好，玩得好又不哭闹，身长和体重增长正常，就说明喂养方法正确。另外，如果宝宝上一顿饭吃得较多，饭后又没怎么活动的话，胃中的食物可能还没有完全消化，所以才会没有胃口。如果宝宝饿了会自己要吃的，就表明宝宝的身体是健康、正常的。饭后要多带宝宝活动活动。

★宝宝太胖怎样喂饭才好

每次准备给宝宝喂饭时，先给宝宝喝些淡果汁，适当减少主食的量，多给宝宝吃些水果。但在控制热量的同时，还要保证宝宝有充足的营养供给，肉、蛋、奶等食物不能减少摄取量。

提高宝宝
免疫力

香菇蒸蛋

材料 鸡蛋1个，干香菇2朵。

调料 盐少许。

做法

① 将干香菇泡发，沥干，去蒂，切成细丝。

② 鸡蛋打散，加盐、香菇丝和适量水搅匀。

③ 放入蒸锅中，蒸8~10分钟即可。

妈妈
烹调笔记

干香菇中含有矿物质硒，宝宝食用
能提高抗氧化能力和活化免疫系统
的功能。

增强体质
改善营养不良

鸡蓉汤

材料 鸡胸肉100克，鸡汤300克。

调料 香菜少许。

做法

① 将鸡胸肉洗净，剁碎，斩成鸡肉蓉，放入
碗中拌匀。

② 将鸡汤倒入锅中，大火烧开。

③ 将拌匀的鸡肉蓉慢慢倒入锅中，用勺子搅
开，煮开后加入香菜调味即可。

妈妈
烹调笔记

鸡肉的营养价值高于鸡汤，所以不
要让宝宝只喝鸡汤而不吃鸡肉。

海带细丝小丸子

材料 海带50克，肉末20克。

调料 葱末、姜末、盐各少许。

做法

① 将海带洗净，切成细丝。

② 将肉末、姜末、盐搅拌成肉馅，制成小丸子。

③ 锅中加水煮沸，下丸子、海带丝，煮沸后再煮5分钟，撒葱末稍煮即可。

 妈妈们一定要知道的事

宝宝吃海带后不要马上吃山楂、柿子等味道酸涩的食物，否则会影响对海带中铁的吸收。

改善缺铁性贫血

鳕鱼面条

材料 鳕鱼肉、面条、丝瓜各30克。

调料 酱油少许。

做法

① 面条煮至八成熟，捞起，用筷子夹成小段。鳕鱼肉洗净，切片。丝瓜去皮洗净，切细丝。

② 锅内放清水烧沸，加鳕鱼肉片煮熟，放入丝瓜丝和面条稍煮，加酱油调味即可。

 妈妈们一定要知道的事

鳕鱼中含有丰富的不饱和脂肪酸，对于宝宝的智力发育很有帮助，但过敏体质的宝宝要谨慎食用。

利尿消肿

菠菜排骨面

材料 番茄1个，菠菜2根，豆腐50克，排骨汤少许，超细面条15克。

做法

① 番茄洗净，切丁。菠菜洗净，取菜叶切碎。豆腐洗净，切碎。

② 将排骨汤倒入锅中煮沸，倒入番茄丁和菠菜碎，待汤略沸，再加入面条和豆腐碎，煮至面条软烂即可。

 妈妈们一定要知道的事

菠菜排骨面含有番茄红素、蛋白质、钙等营养物质，能帮助宝宝提高食欲，增强抗病能力。

栗子蔬菜粥

材料 大米30克，栗子10克，油菜叶、玉米各5克。

做法

① 大米洗净，浸泡半小时。

② 栗子去皮，捣碎。油菜叶切成小碎片。玉米洗净，用开水烫一下后切碎。

③ 锅中放大米、栗子碎、玉米碎和适量清水大火煮开，转小火煮熟，放油菜片煮开即可。

 妈妈们一定要知道的事

栗子含有较多的碳水化合物，可以为宝宝补充热量，同时还含有蛋白质、维生素B族、膳食纤维等。

红薯拌南瓜

材料 红薯100克，南瓜50克，配方奶100毫升。

做法

① 红薯洗净，切方丁，放入沸水中煮熟。南瓜洗净，切方丁，用沸水煮软，捞出沥水。

② 将红薯丁、南瓜丁和调配好的配方奶搅拌在一起即可。

保护脾胃

红薯中缺少蛋白质和脂肪，宜搭配牛奶、鸡蛋等含蛋白质的食物一起吃，营养才更均衡。

水果杏仁豆腐羹

材料 西瓜、香瓜各40克，水蜜桃35克，杏仁豆腐50克。

做法

① 西瓜取果肉，去籽切丁。香瓜洗净，去皮切丁。水蜜桃洗净切丁。杏仁豆腐切块。

② 锅中倒入适量水煮开，加入杏仁豆腐块煮熟，再加入西瓜丁、香瓜丁、水蜜桃丁煮沸即可。

提高免疫力

水果杏仁豆腐羹口感较好，宝宝可能会比较喜欢吃，但是含有的糖比较多，宝宝食用别过量。

1岁以后 添加咀嚼型辅食

辅食种类

妈妈们在给宝宝制作辅食时，应避免食材重复或单一使用，每天要变着花样烹调，目的是让宝宝吃到不同口味的食物，以增强他们的食欲。例如，同样是富含碳水化合物的食物，妈妈们早餐可以做馄饨，午餐可以做花卷，晚餐可以做软饭。

辅食添加要点	
开始时间	宝宝1周岁以后
宝宝的饮食习惯	与爸爸妈妈同桌吃饭 开始吃到更多的蔬菜 有的宝宝慢慢学会用勺子吃饭了
优选食物	谷物：玉米、面条、米饭 肉类：瘦牛肉、鸡胸肉 蔬菜：菠菜、南瓜、胡萝卜、白萝卜、蘑菇、圆白菜、番茄 水果：苹果、梨、橙子、菠萝、草莓、猕猴桃 海鲜：鳕鱼、虾、蟹、蛤蜊、青鱼、小银鱼 其他：鸡蛋、豆腐、海带末、核桃仁、花生、栗子
制作要点	除了煮粥、煮汤，还可以尝试煎、炒、炸等多种烹调方法 把宝宝不爱吃的食物混在爱吃的食物中
每次喂食量	每餐可喂100克软饭，蔬菜从每餐40克逐渐增加至50克

辅食烹饪要点

✿ 饭菜咸度是成人饭菜咸度的1/4～1/3

这个阶段，给宝宝做的辅食口味仍要保持清淡，菜肴的咸度是大人饭菜咸度的1/4～1/3。妈妈们也可以开始用少许咖喱粉来给宝宝的辅食调味了。如果拿宝宝也能吃的大人饭菜做宝宝的辅食，应用温开水将咸味冲淡后再喂给宝宝吃。

✿ 把宝宝不爱吃的食物混在爱吃的食物中

像胡萝卜这种宝宝普遍不爱吃的食物，妈妈们可以把它剁碎，掺进宝宝爱吃的食物中喂给宝宝，宝宝会更容易接受。另外，给宝宝做的辅食还要注意色彩的搭配，把食物颜色搭配得漂亮些，比如在炒黄瓜的时候，可以放些黑色的木耳和黄色的鸡蛋等。

辅食添加疑问解答

✿ 宝宝不喜欢喝牛奶，如何补钙

宝宝不喜欢喝牛奶，妈妈肯定很烦恼如何补钙。其实，宝宝可以从别的食品中得到充足的钙：给宝宝吃些松软的干奶酪，可以单独吃也可以混在宝宝最喜欢的水果中一起吃；橙子在水果中钙含量相对较高，宝宝可以多喝一些橙汁；不仅仅是黄豆，所有的豆类食品都很有营养，比如青豆、菜豆、花豆、芸豆及鹰嘴豆，它们大多含有数量可观的钙。

✿ 给宝宝喂生水果行不行

还没有长牙的月龄小的宝宝最好吃煮熟的水果，更有利于消化，但月龄大些的宝宝是可以吃生水果的。宝宝乳牙萌出后，喜欢啃一些稍硬的东西，而且生吃水果对身体比较好，生水果中维生素和矿物质的含量高于煮熟后的水果。妈妈们可以将水果切成条，让宝宝拿着咬。生吃的水果一定要好好清洗、削皮，一方面能清除寄生虫卵，另一方面也能清除一部分残留的农药。

✿ 宝宝不喜欢吃米饭，能否用蛋糕来代替

不可以。蛋糕在制作过程中会产生反式脂肪酸，尤其是从蛋糕店或超市中买回来的蛋糕。经常吃含反式脂肪酸的食物，会引起心脑血管疾病。蛋糕的脂肪含量高，经常给宝宝吃容易造成营养失衡，影响生长发育。另外，蛋糕中还富含糖，很容易转化为脂肪。如果宝宝不喜欢吃米饭，妈妈们可以用馒头、面条等面食来代替米饭。

✿ 宝宝吃汤泡饭到底好不好

给宝宝吃汤泡饭很不好，因为这样吃易于吞咽，宝宝不经过咀嚼就把食物直接吞咽下去，影响唾液的分泌及牙齿的咀嚼运动。不经咀嚼的饭会增加胃的负担，而过量的汤水又会将胃液冲淡，从而影响食物的消化吸收，时间长了还容易引发胃病。

促进宝宝
智力发育

三鲜小馄饨

材料 河虾50克，猪肉50克，鸡蛋1个，小馄
饨皮10张。

调料 盐少许。

做法

1 将河虾在开水中烫熟，剥出虾肉切碎。

2 猪肉切碎，和虾肉碎一起拌匀，加盐，打
入鸡蛋，再拌匀成馅料。

3 将馅料用小馄饨皮包好，煮熟即可。

增强宝宝的
抗病能力

香菇鸡肉粥

材料 鲜香菇2朵，鸡胸肉15克，大米50克。

调料 盐、香油各适量。

做法

1 鲜香菇去柄，洗净，放入沸水中焯烫，取出
切末。鸡胸肉洗净，切末。大米淘洗干净。

2 锅内加适量清水置火上，放入香菇末、鸡
肉末和大米中火煮沸，转小火煮至黏稠，
加适量盐调味，淋上香油即可。

 妈妈们一定要知道的事

不宜给有皮肤瘙痒症状的宝宝食用香菇，否则会
加重瘙痒症状。

海带黄瓜饭

材料 大米40克，海带10克，黄瓜20克。

做法

① 海带用水浸泡10分钟后捞出来，切成小片。黄瓜去皮后切成小丁。

② 把泡好的大米和1000毫升水倒入锅中，蒸成烂饭，然后放入海带片和黄瓜丁，用小火蒸熟即可。

润肠通便

妈妈们一定要知道的事

海带黄瓜饭中含碘、膳食纤维等营养素，能帮助润肠通便，促进发育。

蔬菜饼

材料 圆白菜、胡萝卜各30克，豌豆20克，面粉50克，鸡蛋1个。

做法

① 向面粉中加入鸡蛋和适量水和成面糊。

② 圆白菜、胡萝卜洗净，切细丝，与豌豆一起放入沸水中焯烫，捞出沥干，和入面糊中。

③ 将面糊分数次放入煎锅中，煎至两面金黄即可。

促进宝宝视力发育

妈妈烹调笔记

此饼富含膳食纤维和蛋白质，无论当成点心还是配餐都很合适。

预防感冒
调养胃溃疡

圆白菜炒粉丝

材料 圆白菜500克，粉丝150克，红椒5克。

调料 盐、醋、葱末、植物油各适量。

做法

① 圆白菜洗净，切丝。粉丝泡透，切段待用。红椒洗净，去蒂及籽，切丝。

② 炒锅置火上，倒植物油烧热，放入葱末煸香，然后放入粉丝、圆白菜丝、红椒丝炒熟，调入醋、盐炒匀即可。

 妈妈们一定要知道的事

粉丝建议用40℃左右的温水泡发，水没过粉丝就行，这样泡发的粉丝口感更劲道。

增强
宝宝免疫力

蘑菇奶油烩青菜

材料 油菜100克，嫩芹菜心、蘑菇各50克，奶油20克。

调料 盐、黄油各适量。

做法

① 蘑菇洗净，切成碎末。

② 锅置于小火上，倒入奶油，煮约5分钟后加入蘑菇碎煮熟。

③ 油菜洗净后，倒入开水中焯一下，切成碎末。芹菜心洗净，倒入开水中焯烫，捞出后切成细丝。

④ 将奶油、蘑菇碎、黄油、盐倒在一起，搅拌均匀，再加入油菜末、芹菜丝，搅拌均匀后倒入锅中，小火炖15分钟即可。

牡蛎煎蛋

材料 牡蛎肉50克，鸡蛋2个。

调料 植物油、葱末、盐各适量。

做法

① 牡蛎肉洗净泥沙，沥干水分。鸡蛋洗净，磕入碗内，打散。在蛋液中放入牡蛎肉、盐搅拌均匀。

② 锅置火上，放油烧至五成热，倒入蛋液煎成蛋块，撒上葱末装盘即可。

补钙强身

妈妈们一定要知道的事

患有湿疹等急、慢性皮肤病的宝宝不宜食用牡蛎。

韭菜炒鸭肝

材料 鸭肝100克，韭菜50克，胡萝卜30克。

调料 盐、酱油、植物油各适量。

做法

① 胡萝卜洗净，切条。韭菜洗净，切段。鸭肝洗净，切片，在沸水中焯烫，沥干，用酱油腌渍。

② 炒锅置火上，倒植物油烧热，放入鸭肝煸熟，盛出待用。

③ 锅留底油烧热，倒入胡萝卜条和鸭肝翻炒，加入韭菜翻炒片刻，调入盐略炒即可。

补肝明目

第三章

宝宝一日三餐营养食谱

最贴心的配餐指导

宝宝的一日三餐应该怎么吃

宝宝的膳食讲究科学搭配，一日三餐要做到营养全面，食物种类丰富多样。在宝宝的一日三餐中，各种食物要平衡、适量摄取，粮谷类、蔬菜类、水果类、奶类、豆类、蛋类、肉类、油类这几类食物，不仅每天都要安排，而且要在三餐中保持一定的分配比例。例如，对于一个2岁的宝宝，父母可以参照以下方法安排其一日三餐。

早餐可以给宝宝安排200毫升的牛奶、一个煮鸡蛋、30～50克粮谷类食物，以及少许肉类、蔬菜或水果，以吃饱、吃好为宜。

宝宝午餐的热量供给比例应较大，粮谷类、肉类、蛋类、豆类食物的供给量都要多一些。每天的午餐应做到食物多样化，注意色、香、味的搭配，以保证宝宝有较好的食欲。此外，主副食品、粗细杂粮的比例都要调配好。

晚餐可给宝宝安排50～75克粮谷类食物、50～75克的蔬菜、40克肉类，外加15克豆类，以少吃、清淡为宜，多安排些容易消化的食物，晚餐后可再加一个水果。

如果爸爸妈妈白天上班，宝宝交由长辈或保姆照顾，爸爸妈妈要叮嘱长辈或保姆，一定要根据午餐和点心的内容来给宝宝安排晚餐的食物，比如午餐宝宝吃了海鲜和蛋类，晚餐就可以安排绿叶菜、瘦牛肉、豆制品等食物，这样可使宝宝每天都能摄取均衡且全面的营养，避免食材重复或单一，能让宝宝保持良好的进餐欲望。

双休日宝宝的三餐仍要定时定量

双休日里，爸爸妈妈不上班，可能要洗洗衣服，收拾收拾屋子，但再忙也仍要让宝宝的三餐定时定量，每顿饭要间隔4～5小时，以巩固已经养成的良好进餐习惯。由于休息在家，爸爸妈妈的时间较平日更充裕，可买一些加工起来较费时间的河鱼、牛肉、动物内脏、整鸡等，以补充一周中宝宝欠缺的食物种类。膳食安排要做到荤素搭配、绿色蔬菜和黄色蔬菜搭配、米面搭配、干稀搭配、粗细粮搭配等，这样既可以发挥各种食物营养成分的互补作用，又可以让宝宝换换口味，更能让宝宝感受到爸爸妈妈的爱。

宝宝吃饭时不能做的三件事

★ 不要批评宝宝

有不少父母平时对孩子很少管教，但到吃饭时便想起来教育宝宝，父母你一言我一语，没完没了地进行批评训斥，严重影响宝宝的进餐情绪，容易使宝宝食不知味，食欲锐减。

宝宝情绪不好时，大脑皮层对外界环境反应的兴奋性降低，使胃肠分泌的消化液减少，胃肠蠕动减弱，影响人体对食物的消化吸收，这样就使食物在胃中停留的时间延长，使宝宝没有饥饿感，吃不下饭，即使勉强吃下去，也常感到肚子不舒服。

所以，当宝宝有过错时，切忌迫不及待地在吃饭的时候责备他，这样会严重影响宝宝的食欲和消化功能。

★ 不要催促宝宝快点吃

由于宝宝的胃肠道发育还不完善，蠕动能力较差，分泌消化液的质和量均不如大人，如果在进食时充分咀嚼，可减轻胃肠道消化食物的负担，促进宝宝对食物的消化吸收，并能保护胃肠道，促进营养素的充分吸收和利用。

因此，宝宝吃饭时，爸爸妈妈不宜过分催促宝宝，要让宝宝有时间充分咀嚼。如果宝宝吃饭速度太快，没有充分咀嚼就将食物咽下，还应该提醒宝宝放慢吃饭速度，细嚼慢咽。

★ 不要让宝宝边吃边玩

宝宝心不在焉地边吃边玩，会减少胃肠道的血液供给及消化液的分泌，进而影响宝宝对食物的消化吸收，容易造成宝宝食欲不好、消化不良。宝宝吃饭的时候，爸爸妈妈也不要看电视。总之，要让宝宝养成专注进餐的良好习惯。

营养早餐

套餐 1

胡萝卜芹菜粥

炖鱼泥

香蕉1根

益肝明目
增强免疫力

健脑
促消化

适合
8个月以上
的宝宝

胡萝卜芹菜粥

材料 大米50克，胡萝卜、芹菜叶各20克。

做法

① 将大米洗净，在水中浸泡20分钟。芹菜叶洗净，切碎。胡萝卜削皮，洗净，切小丁。

② 锅置火上，放入大米和清水煮沸，改小火熬煮。

③ 将胡萝卜丁放入粥内同煮，待熟软后加入芹菜叶碎煮熟调匀即可。

妈妈
烹调笔记

胡萝卜切丁熬煮容易变软烂，也容易入味，胡萝卜中含有的胡萝卜素和叶黄素更容易被宝宝吸收。

炖鱼泥

材料 鱼肉50克，白萝卜泥30克，高汤100克。

调料 水淀粉少许。

做法

① 将高汤倒入锅中，再放入鱼肉煮熟。

② 把煮熟的鱼肉取出，压成泥，放入另一锅中，加入白萝卜泥及少量水大火煮开，用水淀粉勾芡即可出锅。

妈妈
烹调笔记

鱼肉含有丰富的蛋白质和磷，可以帮助宝宝提高免疫力，也可以将鱼泥拌在饭中，以增强宝宝的食欲。

行气散寒
止痛

助力
大脑发育

套餐 **2**

茴香鸡蛋包子
拌海带
猕猴桃1个
牛奶200毫升

适合
2岁以上的
宝宝

茴香鸡蛋包子

材料 面粉、茴香各150克，鸡蛋1个，鲜酵
母2克。

调料 植物油、葱末、姜末、盐、香油各适量。

做法

1. 面粉加鲜酵母水和成面团。

2. 茴香洗净，切碎。鸡蛋打成蛋液。

3. 锅置火上，倒油烧热，倒入蛋液炒熟，铲
   碎，晾凉后倒入茴香，再加葱末、姜末、
   盐、香油搅拌均匀。

4. 将面团分成大小相等的剂子，擀成面皮，
   包入适量馅捏制成包子生坯，饧发片刻，
   上笼屉大火蒸熟即可。

拌海带

材料 水发海带500克。

调料 酱油少许。

做法

1. 海带洗净，切丝，用沸水煮熟，捞出沥
   水，装盘。

2. 用少许酱油拌匀即可。

 妈妈们一定要知道的事

拌海带富含碘，能促进大脑和神经系统发育，
让宝宝更聪明。

套餐 **3**

豆沙包
白菜肉片汤
橘子1个

适合
2岁以上的
宝宝

健脾祛湿
解毒消痈

预防宝宝
便秘

豆沙包

材料　发酵面团、红豆各500克。

调料　白糖少许。

做法

① 将红豆煮烂，滤水，碾成豆沙，加白糖拌匀即成红豆馅。

② 取发酵面团，做成多个剂子，擀皮包入馅料，做成包子生坯，饧发后上笼，大火蒸10分钟即可。

妈妈
烹调笔记　豆沙包含有丰富的碳水化合物、维生素和矿物质，有利于宝宝成长。

白菜肉片汤

材料　白菜200克，瘦猪肉50克，鸡骨汤600克。

调料　淀粉、植物油、盐各适量。

做法

① 白菜洗净，切段。瘦猪肉洗净，抹干水分，切成薄片，裹上少许淀粉放置10分钟。

② 锅内倒植物油烧热，下入肉片滑散，加入鸡骨汤烧开，下白菜段，煮至肉熟菜烂，放少许盐调味即可。

妈妈
烹调笔记　白菜肉片汤含膳食纤维、蛋白质等营养物质，能预防便秘、助力成长。

护眼
健脾胃

预防便秘
增强抵抗力

套餐 4

南瓜拌饭
鲜蘑菇炒豌豆
桃子1个

适合
1.5岁以上
的宝宝

南瓜拌饭

材料 南瓜20克，大米50克，白菜叶20克。
做法

① 南瓜洗净，去皮，切成碎粒。白菜叶洗净，切碎。

② 大米淘洗干净，浸泡半小时。

③ 将大米放入电饭煲中，煮至沸腾时，加入南瓜粒、白菜叶煮到稠烂即可。

妈妈们一定要知道的事

南瓜拌饭含有膳食纤维、维生素A、叶黄素等，能帮助宝宝保护眼睛，还有健脾养胃的作用。

鲜蘑菇炒豌豆

材料 鲜蘑菇80克，豌豆50克。
调料 植物油、葱末、酱油、盐各适量。
做法

① 鲜蘑菇洗净，切成小丁。豌豆洗净。

② 炒锅内倒植物油烧热，放入葱末煸出香味，下入蘑菇丁，加酱油翻炒均匀。

③ 加入豌豆，大火快炒，炒至快熟时，加盐调味即可。

妈妈
烹调笔记

这道菜含有叶酸、膳食纤维等，能促进宝宝神经系统发育，预防便秘，提高免疫力。

套餐 5

排骨汤面

香菇炒蛋

草莓5个

适合
1.5岁以上
的宝宝

养胃补血

提高
免疫力

排骨汤面

材料 猪排骨100克，细面条、青菜各50克。

调料 盐、醋各适量。

做法

① 猪排骨斩成小块后放入冷水锅中大火烧沸，加一点醋后调小火煮半个小时左右，关火，捞出排骨，留汤。

② 将青菜洗净，切成小段。

③ 细面条从中间折断，下入排骨汤中，大火煮到沸腾后，加入青菜段，边搅拌边煮，大约5分钟后，加盐调味即可。

香菇炒蛋

材料 鸡蛋3个，鲜香菇100克，牛奶50毫升。

调料 植物油、盐各适量。

做法

① 鸡蛋打入碗中，加牛奶、盐打散。香菇去柄，洗净，切条。

② 锅中倒植物油烧至七成热，放香菇条翻炒，加盐炒匀，倒入鸡蛋液炒熟即可。

妈妈
烹调笔记

这道菜中维生素D及钙含量高，有利于宝宝骨骼发育，提高抗病力。

增进宝宝食欲
预防感冒

补钙
强身壮骨

套餐 **6**

番茄汁烩肉饭

虾皮黄瓜汤

葡萄20克

适合
1岁以上的
宝宝

番茄汁烩肉饭

材料 白米饭100克，胡萝卜10克，番茄、洋葱、鸡肉各20克。

调料 植物油、盐各适量。

做法

① 鸡肉切成末。番茄去皮，切碎。洋葱切碎。胡萝卜切成细丝。

② 锅内倒入植物油加热，按鸡肉末、洋葱碎、番茄碎、胡萝卜丝的顺序放入锅内翻炒，再加入白饭一起翻炒均匀。

③ 以盐调味，盛入盘中即可。

虾皮黄瓜汤

材料 虾皮15克，黄瓜100克，紫菜适量。

调料 植物油、香油各适量。

做法

① 黄瓜洗净，切成片。紫菜洗净，撕碎。

② 锅置火上，倒植物油烧热，下虾皮煸炒片刻，加适量清水煮沸。

③ 下入黄瓜片和紫菜，转小火煮3分钟，出锅前淋入香油即可。

妈妈
烹调笔记

虾皮含钙量高，对宝宝身体好，但是通常有咸味，烹制前用水浸泡一下可去掉多余的盐分。

丰盛午餐

套餐 1

燕麦绿豆甜粥
芹菜炒肉丝
卤豆干20克

适合
1.5岁以上
的宝宝

健脾胃
止呕吐

清肠利便
润肺止咳

燕麦绿豆甜粥

材料 绿豆30克，小米20克，糯米40克，燕麦25克。

做法

① 将绿豆洗净，在冷水中浸泡约2小时。燕麦、小米、糯米洗净，冷水浸泡20分钟左右。

② 锅内倒水，下入绿豆、小米、糯米、燕麦，大火煮滚，转小火熬煮约40分钟，待所有材料都煮熟烂即可。

妈妈烹调笔记 粗粮中的膳食纤维非常丰富，给宝宝添加燕麦等粗粮时应做到细、软、熟。

芹菜炒肉丝

材料 芹菜150克，瘦猪肉50克。
调料 植物油、鲜汤各适量，盐2克。

做法

① 芹菜去叶，削根，去老茎，洗净，切成寸段。瘦猪肉洗净，切丝。

② 锅置火上，放植物油烧热，随后下芹菜段、肉丝煸炒，加入盐和鲜汤，翻炒几下即可出锅。

妈妈烹调笔记 芹菜宜选嫩一些的，利于宝宝咀嚼和消化吸收。

护眼健脑
健脾胃

补脾胃
益气血

套餐 **2**

黄豆玉米饭

生菜肉卷

草莓汁

适合
2岁以上的
宝宝

黄豆玉米饭

材料　黄豆、发芽米、玉米粒各50克。

做法

① 将黄豆洗净，在水中浸泡2小时备用。发芽米、玉米粒洗净。

② 将黄豆、发芽米、玉米粒都放入电饭锅内，加适量水，用电饭锅煲熟即可。

生菜肉卷

材料　生菜叶40克，牛肉50克，鸡蛋1个。

调料　盐少许。

做法

① 生菜叶洗净，放到沸水中焯烫，沥干水分。牛肉剁成泥。鸡蛋磕入碗中，拌入牛肉泥和盐调匀。

② 用生菜叶将调好的牛肉泥包好，做成生菜卷，上锅蒸熟，吃时切段即可。

套餐 **3**

菠菜鸡蛋面
清蒸带鱼
小番茄3个

适合
1.5岁以上
的宝宝

明目益智

开胃暖胃
补虚

菠菜鸡蛋面

材料 面条50克，菠菜50克，鸡蛋1个，胡萝卜20克。

调料 盐2克，香油、蚝油各少许。

做法

① 菠菜洗净，焯水切段。胡萝卜洗净，去皮切片。碗中放入盐、香油、蚝油调成酱汁。

② 锅中加水煮沸，放入面条、胡萝卜煮熟，打入鸡蛋，放入菠菜，熟后加酱汁调味即可。

妈妈烹调笔记

菠菜含有丰富的维生素A和叶酸等营养物质，可以保护宝宝的视力，促进皮肤的生长发育。

清蒸带鱼

材料 带鱼1条。

调料 醋10克，盐2克，植物油适量。

做法

① 带鱼去头、尾、鳃和肠杂后，洗净，切段。

② 将带鱼段加盐拌匀后，加入醋，再蘸满植物油，放入盘中，上锅蒸20分钟即可。

妈妈烹调笔记

带鱼中含有二十二碳六烯酸（DHA），有助于宝宝大脑发育。

健脾胃
促进食欲

健脑益智
提高免疫

套餐 **4**

栗子稀饭
核桃蔬菜色拉
蛋松15克

适合
1.5岁以上
的宝宝

栗子稀饭

材料 栗子100克，大米60克。

做法

❶ 栗子去壳剥皮。大米洗净，用清水泡10分钟。

❷ 栗子与大米一起放入锅中，加清水熬成稀饭。

妈妈们一定要知道的事

栗子含有维生素B$_2$，常吃栗子对日久难愈的小儿口舌生疮有益。

核桃蔬菜色拉

材料 菠萝150克，碎核桃仁、西芹各40克，葡萄4粒，梨半个，酸奶15克。

调料 柠檬汁10毫升，蜂蜜10克。

做法

❶ 菠萝去皮，切丁，用淡盐水浸泡15分钟。葡萄洗净切成两半，去籽。梨去核，切丁。西芹择洗干净，焯熟，切段。

❷ 把所有水果丁、西芹段及核桃仁放入盘中混合，加酸奶、柠檬汁、蜂蜜搅拌均匀即可。

套餐 **5**

米团汤

花豆腐

牛肉干15克

适合
1.5岁以上
的宝宝

增强食欲
促进消化

促进
钙吸收

米团汤

材料 米粉、米饭各50克，胡萝卜、青椒各30克。

调料 盐少许。

做法

① 米饭、米粉混合，揉成面团。胡萝卜、青椒洗净，切成小丁。

② 锅中加清水、蔬菜、米团煮沸即可。

妈妈们一定要知道的事

胡萝卜素主要存在于皮中，而胡萝卜皮只有透明薄薄一层，因此去皮吃胡萝卜等于丢弃了多数胡萝卜素。

花豆腐

材料 豆腐50克，青菜叶30克，熟鸡蛋黄1个。

调料 盐2克，葱姜水5克。

做法

① 将豆腐煮一下，放入碗内研碎。

② 青菜叶洗净，用开水烫一下，切碎后也放入碗内，加入盐、葱姜水搅拌均匀。

③ 在豆腐中加入青菜碎，做成方块，再把蛋黄研碎撒在豆腐表面。

④ 放入蒸锅中用中火蒸5分钟即可。

妈妈烹调笔记 豆腐宜选口感较嫩的南豆腐，更易于宝宝消化吸收。

健脾胃
促进食欲

解毒除热
防止大便干燥

套餐 **6**

韭菜鲜肉馄饨

蛋奶菜心

桃子1个

适合
1.5岁以上
的宝宝

韭菜鲜肉馄饨

材料 猪肉馅150克，韭菜75克，馄饨皮150克。

调料 香菜末、盐、香油、高汤各适量。

做法

① 韭菜洗净，切碎。猪肉馅再剁细，加入韭菜、盐、香油调成馅料。

② 每张馄饨皮包入少许馅料，捏成长枕形馄饨，放入开水中煮熟至浮起。

③ 高汤放碗内，盛入煮好的馄饨，再加香菜末即可。

妈妈
烹调笔记 调肉馅时要注意，要沿一个方向搅打上劲，这样调出的肉馅才好吃。

蛋奶菜心

材料 白菜心100克，鸡蛋1个，鲜奶50毫升，鲜汤100毫升。

调料 盐3克，水淀粉10克，香油少许。

做法

① 将白菜心洗净，焯水，捞出沥干。鸡蛋打散。

② 锅置火上，加鲜汤、白菜心烧熟，取出白菜心放盘中。

③ 锅内倒鲜汤，撒盐，加入鲜奶烧开，用水淀粉勾芡，加入鸡蛋搅匀，淋上香油，盛出浇在白菜心上即可。

健康晚餐

套餐 1

五彩什锦饭
冬瓜鱼丸汤
香蕉1根

适合
2岁以上的
宝宝

健脾开胃
生津益血

清肠利便
润肺止咳

五彩什锦饭

材料 米饭1碗，鸡蛋1个，豌豆30克，黄瓜30克，火腿20克。

调料 植物油、盐适量。

做法

① 黄瓜洗净切丁，火腿切丁，豌豆洗净，一起放入锅中，用植物油炒熟，加盐调味。

② 锅内倒植物油烧热，鸡蛋打匀后倒入，快速炒散，倒入米饭炒匀。

③ 加入预先炒好的黄瓜丁、火腿丁、豌豆，盖上锅盖，小火焖一会儿即可。

冬瓜鱼丸汤

材料 冬瓜、胡萝卜各50克，鱼丸20克，芹菜叶5克。

调料 盐、香油各少许。

做法

① 冬瓜去皮除子，洗净，切小块。芹菜叶洗净，切碎末。胡萝卜洗净去皮，切小块。

② 锅内加水煮开，放胡萝卜块、冬瓜块、鱼丸煮熟，撒芹菜叶末和盐，滴入香油即可。

妈妈们一定要知道的事

冬瓜性寒味甘，能清热生津、解暑除烦，特别适合在夏季给宝宝食用。

增强宝宝
肠胃功能

提高抗病力

套餐 2

酸奶香米粥
菜花土豆泥
酸奶200克

适合
1.5岁以上
的宝宝

酸奶香米粥

材料 香米50克，酸奶50克。

做法

① 将香米淘洗干净，放入清水中浸泡3小时。

② 锅置火上，放入香米和适量清水大火煮沸，再转小火熬成烂粥，即可关火。

③ 待粥凉至温热，加入酸奶搅匀即可。

妈妈
烹调笔记　千万不要在粥还烫的时候加酸奶，否则会破坏酸奶中的益生菌。

菜花土豆泥

材料 菜花30克，土豆1个，肉末10克。

调料 盐少许，植物油适量。

做法

① 菜花洗净，煮熟后切碎。

② 土豆煮熟后去皮，压成泥。

③ 肉末用植物油炒熟后与土豆泥、菜花碎混合，加入少许盐拌匀即可。

妈妈
烹调笔记　土豆带皮蒸或煮营养损失最少，是最佳吃法。

套餐 **3**

香菇素菜包
蛤蜊蛋汤
苹果1个

适合
1.5岁以上
的宝宝

活血化瘀
提高免疫力

增强食欲
养胃润肺

香菇素菜包

材料 面粉500克，酵母粉8克，油菜100克，水发香菇30克，香干50克。

调料 盐、植物油、香油各适量。

做法

① 面粉中加入酵母粉，用温水和匀，揉成表面光滑的面团，饧发至原体积2倍大。

② 油菜、香菇、香干洗净，剁碎，加盐、植物油、香油拌匀成馅料。

③ 将面团分成大小一样的剂子，擀成皮，包入制好的馅料，捏成包子生坯。

④ 将生坯放入蒸笼内静置15~20分钟，开火，大火烧开后转小火蒸约10分钟即熟。

蛤蜊蛋汤

材料 蛤蜊800克，水发木耳15克，笋片25克，鸡蛋1个。

调料 盐适量。

做法

① 蛤蜊洗净，煮熟，取出蛤蜊肉，煮蛤蜊的汤备用。水发木耳择洗干净，撕成小片。鸡蛋磕入碗中，搅拌成蛋液。

② 锅置火上，倒入煮蛤蜊的汤，加入笋片、木耳片、盐烧沸，放入蛤蜊肉和鸡蛋液烧熟，起锅装入碗内即可。

健胃消食
健脑益智

润肠排毒
补血

套餐 **4**

蛋花番茄面

白菜肉泥

猕猴桃1个

适合
1岁以上的
宝宝

蛋花番茄面

材料 挂面150克，番茄100克，鸡蛋1个。

调料 葱花、盐、植物油各适量。

做法

① 番茄洗净，去蒂，切成月牙瓣。鸡蛋洗净，磕入碗内打散。

② 锅置火上，倒入适量植物油，待烧至七成热，放入葱花炒香，加入适量清水烧沸。

③ 下入挂面煮熟，倒入番茄煮至软烂，倒入蛋液搅散，用盐调味即可。

妈妈
烹调笔记

将番茄换成菠菜或小白菜煮面，不但味道清爽，而且能补充丰富的叶酸。

白菜肉泥

材料 瘦猪肉25克，大白菜50克，虾皮少许。

调料 香油、酱油、葱姜汁、盐各适量。

做法

① 大白菜洗净，切成碎末。瘦猪肉洗净，剁成肉泥。虾皮洗净，水泡片刻去掉咸味，控干水，切成碎末。

② 向肉泥、虾皮末中加入调料，顺一个方向搅匀，放入菜末拌匀，上蒸笼蒸熟即可。

妈妈
烹调笔记

尽量不要给宝宝吃得太咸，容易刺激宝宝的口腔黏膜和诱发呼吸道疾病。

套餐 **5**

莲子糯米粥

青菜肝末

橘子1个

适合
1.5岁以上
的宝宝

调理宝宝
遗尿

帮助宝宝
提高免疫力

莲子糯米粥

材料　莲子25克，糯米50克。

做法

① 将莲子、糯米清洗干净备用。

② 将洗好的糯米、莲子一起放入锅中，加适量清水煮成粥即可。

妈妈烹调笔记

糯米制品一定要加热后再给宝宝食用，不然不易消化。

青菜肝末

材料　猪肝50克，青菜叶40克。

调料　盐少许。

做法

① 猪肝洗净，去筋膜，切碎。青菜叶洗净，用沸水焯烫一下切碎。

② 猪肝碎放入锅中，加沸水煮熟，加入青菜末、盐略煮，即可出锅。

妈妈烹调笔记

动物肝脏宜现切现做，新鲜的动物肝脏切后放置时间一长胆汁会流出，损失营养。

健脾祛湿
润肠通便

增强
抗病毒能力

套餐 6

豆沙酥饼
番茄西蓝花
黄豆豆浆

适合
1.5岁以上
的宝宝

豆沙酥饼

材料　红豆沙、面粉各50克，牛奶适量。
调料　植物油适量。
做法

① 向红豆沙中加入适量牛奶搅拌均匀成馅。

② 面粉中加一点牛奶和热水和成"烫面"，
　 然后放在面盆里让面饧一会儿。

③ 将饧好的面做成几个圆坯，再包上豆沙馅
　 做成生饼坯。

④ 起油锅，将生饼坯煎熟即可。

番茄西蓝花

材料　番茄100克，西蓝花150克。
调料　葱花3克，盐2克，植物油少许。
做法

① 将西蓝花洗净，掰成小朵，放入开水中焯烫
　 后过凉。番茄洗净，去皮，切成月牙瓣。

② 锅置火上，放植物油烧至五成热，放入葱
　 花爆香，下入番茄炒一会儿，再放入西蓝
　 花，加盐调味即可。

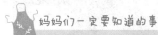
妈妈们一定要知道的事

宝宝不爱吃饭时，在菜肴中加些番茄，可增进
宝宝食欲。

第四章

聪明宝宝
最爱的食物
吃出健康乖宝宝

0～3岁聪明宝宝的宜吃、忌吃食物

坚决远离的食物	腊肉、香肠等经过加工的肉类食品，咸菜等腌制食品，油炸、熏烤类食品，罐头、果脯、膨化食品、方便食品、碳酸饮料等添加剂含量较高的影响宝宝肝脏发育和功能的食品
每周一定要摄取的食物	米、面等谷类，豆浆、豆腐等大豆制品，菜花、西蓝花、油菜、圆白菜、大白菜、萝卜等十字花科蔬菜，木耳、海带、紫菜等菌藻类食物，牛奶及其制品，胡萝卜，番茄，海鱼
最优健脑食物	核桃、芝麻、花生、大豆、开心果、杏仁、榛子、腰果、蛋黄、豌豆、胡萝卜等
最佳排铅食物	大葱、大蒜、洋葱、海带、胡萝卜、番茄、酸奶、牛奶，以及猕猴桃、橘子等富含维生素C的水果
最佳蔬菜	胡萝卜、大白菜、圆白菜、洋葱、西蓝花、芦笋、茄子、香菇、紫甘蓝、番茄、白萝卜、木耳、银耳
最佳水果	苹果、猕猴桃、香蕉、草莓、樱桃、橘子、木瓜、西瓜、芒果
最佳肉类	瘦牛肉、鸭肉、鸡肉

食物颜色与五脏调养

食物颜色	五脏调养	食物来源
红色	护心	胡萝卜、红辣椒、番茄、西瓜、山楂、红枣、草莓、红薯、红苹果等
黄色	养脾	南瓜、玉米、花生、大豆、土豆、杏等
绿色	护肝	绿叶蔬菜
白色	养肺	牛奶、大米、鸡肉、梨、藕、白萝卜、百合等
黑色	护肾	黑米、黑芝麻、黑豆、木耳、海带、紫菜等

为宝宝选择最健康的食物

★ 选择本地的有机农产品

可为宝宝优先选择本地的有机、无污染农产品，因为本地产品不仅成熟度好，不需要长时间的运输，营养价值损失小，而且不需要用保鲜剂来进行防腐处理，是比较安全、健康的食物。爸爸妈妈们如果能为宝宝选择有机或绿色的水果、蔬菜当然是最好的，但也要根据自己的经济情况来决定。

★ 选择应季食物

爸爸妈妈们要多留心了解一下各种粮食、蔬菜、水果和海产品等食物分别是在哪个季节上市的，然后多给宝宝选择应季的食物来吃，因为应季食物喷洒的农药、化肥、激素等相对较少，相比于那些反季节食物要更健康。

★ 不要自行为宝宝购买保健品

保健食品是由国家有关部门审核批准的特殊食品，具有一定的保健功能。但要注意，爸爸妈妈们不要自行为宝宝购买保健食品。

出现了由不良饮食习惯造成的营养缺乏，就以服用保健品来补充宝宝需要的营养，这是本末倒置的。宝宝钙缺乏时，首先应考虑摄取富含钙的鲜牛奶、酸奶、虾皮、豆制品等，而不是补钙剂；宝宝如果缺乏蛋白质，可以吃鸡、鸭、鱼肉等富含蛋白质的食物，而不是蛋白粉；缺铁时应考虑吃些瘦猪肉、瘦牛肉、动物肝脏、动物血等富含铁的食物，而不是服用补铁剂。

如果通过调节饮食来纠正营养素缺乏收效不好，可让营养师进行明确诊断，如果明确诊断为营养不良，可以在营养师的指导下给宝宝服用某些合适的保健品，但保健品不宜长期服用。

根据新鲜食品的分类分级，"AA级绿色食品"是最好的健康食品，因为它不含有化肥、农药、防腐剂、色素等，没有使用转基因技术。其次是"A级绿色食品"，允许限量使用限定的农药、化肥、激素等人工合成物质。

玉米
让宝宝头脑聪明身体棒

健康关键词　　☑补钙　☑健脑　☑防便秘

谈营养说健康

玉米富含营养保健物质，除了碳水化合物、蛋白质、脂肪、胡萝卜素外，还含有维生素B_2等。与稻米和小麦等主食相比，玉米中的维生素含量是稻米、小麦的5~10倍。此外，100克黄玉米中含14毫克钙。

玉米所含的谷氨酸较多，谷氨酸能促进脑细胞代谢，有一定的健脑功能。玉米富含的谷胱甘肽是一种抗癌因子，能使人体内多种致癌物质失去致癌性。另外，玉米中的脂肪酸主要是亚油酸、油酸等不饱和脂肪酸，这些也都是对智力发育有利的营养物质。

专家连线

1. 玉米中含有的胡萝卜素、玉米黄质为脂溶性维生素，加油烹煮可帮助身体吸收，更能发挥其保健效果。

2. 玉米宜搭配豆类食用，因为豆类含有蛋白质和钙，不含胆固醇，但是缺乏人体必需氨基酸中的蛋氨酸，蛋白质不能被人体完全利用；玉米中蛋氨酸含量丰富，但缺乏豆类中的丝氨酸和赖氨酸。因此，玉米和豆类同食，营养吸收率可显著提高。

新手妈妈　学着做

用玉米糁煮出营养好喝的7倍粥

7倍粥细滑、软烂，容易吞咽，非常适合1岁以内的宝宝食用。7倍粥不仅可以直接喂给宝宝吃，还可以当主料或辅料用于制作其他辅食。所谓7倍粥，就是米与水的比例是1：7，比如使用了50克的米，那煮粥时就应加入350克的水。

具体做法：取50克玉米糁淘洗干净，倒入锅中，加350克清水用中火煮沸，转小火熬煮40分钟，将粥中的玉米糁盛入研钵内，用杵棒捣烂后再放回原汤中搅拌均匀即可。

玉米豆腐萝卜糊

材料　玉米面50克，嫩豆腐、胡萝卜各20克。

做法

① 将胡萝卜片放入搅拌机中打成糊。

② 将豆腐洗净，用筷子或勺子搅碎。用冷水将玉米面调成糊。

③ 锅中加适量清水，大火煮开，放入玉米面糊、豆腐碎和胡萝卜糊，边煮边搅，煮5分钟即可。

妈妈烹调笔记

玉米和豆腐的搭配，不仅可以让宝宝获取更丰富的维生素和膳食纤维，还补充了蛋白质。

帮助消化增进食欲

玉米面发糕

材料　面粉35克，玉米面15克，红枣3颗，葡萄干、酵母适量。

做法

① 酵母用35℃的温水溶化调匀，将面粉和玉米面倒入盆中，慢慢地加酵母水和适量清水搅拌成面糊，饧发30分钟，加红枣、葡萄干揉匀成生坯。

② 将生坯送入烧沸的蒸锅蒸15~20分钟，取出，切块即可。

妈妈烹调笔记

也可以在发糕表面点缀些葡萄干，酸甜的口味宝宝会喜欢的。

增强宝宝记忆力

玉米莲藕汤

材料 玉米200克，莲藕200克。
调料 盐、葱段、香油各适量。
做法
① 玉米去掉外层叶子和玉米须，洗净后切段。莲藕去皮，洗净后切段。
② 将玉米段、莲藕段和葱段一起放入锅中，加水没过食材，煮沸后小火煮1小时，加盐、香油调味即可。

妈妈们一定要知道的事

这道汤可以帮助宝宝健脾开胃，预防便秘。

蛋黄玉米羹

材料 鲜玉米粒100克，鸡蛋15克。
做法
① 鲜玉米粒洗净，放入料理机打成蓉。鸡蛋洗净，磕开，取1/4蛋黄，打散。
② 将玉米蓉放入锅中，加水没过食材，大火煮沸后转小火煮20分钟。
③ 转大火，倒入蛋黄液，不停搅拌至煮沸即可。

妈妈们一定要知道的事

玉米中含有较多的谷氨酸，帮助促进脑细胞代谢，有利于健脑。

冬瓜玉米羹

材料　冬瓜30克，玉米粒30克，鸡蛋15克，豌豆20克。

做法

① 冬瓜洗净，去皮去瓤，切丁。鸡蛋取蛋黄，打散。豌豆和玉米粒洗净后放入锅中，加清水煮软后盛出，捣碎。

② 另起锅，将冬瓜丁连同捣碎的豌豆、玉米粒一起放入锅中，加适量清水烧开煮至冬瓜熟软，淋上蛋黄液，搅拌成蛋花，烧开即可。

利尿排毒

玉米色拉

材料　玉米粒、酸奶、黄瓜、圣女果各50克，胡萝卜各20克，柠檬汁适量。

做法

① 玉米粒洗净，焯熟。胡萝卜洗净，切丁，焯熟。黄瓜洗净，切丁。圣女果洗净，切小片。

② 将玉米粒、黄瓜丁、圣女果片、胡萝卜丁装入碗中，加入酸奶、柠檬汁拌匀即可。

妈妈们一定要知道的事

这道色拉含有钙、玉米黄素、维生素C、番茄红素等，可以使宝宝肠道更健康。

促进
肠胃蠕动

小米
给宝宝做"代参汤"

健康关键词　☑清热解渴　☑和胃安眠　☑健脑补脑

谈营养说健康

小米富含维生素B_1、维生素B_2等，具有预防消化不良及口腔溃疡的作用；小米还具有防止反胃、呕吐的功效。此外，中医学认为小米能清热解渴，健胃除湿，和胃安眠。

小米粥营养价值高，有"代参汤"的美称。由于不需要精制，小米保留了许多维生素和矿物质。小米还富含色氨酸，色氨酸可帮助宝宝入睡，使宝宝的大脑得到充分的休息。

专家连线

1. 小米粥表面漂浮的一层形如油膏的物质为"米油"，中医学认为，它对脾虚久泻、食积腹泻、小儿消化不良有很好的缓解作用。

2. 给宝宝煮小米粥的时候不宜放碱，否则会破坏掉小米中的维生素B族。

3. 小米宜与大豆或肉类食物混合食用，这是因为小米中缺乏赖氨酸，而大豆和肉类中富含赖氨酸，可以弥补小米缺乏赖氨酸的不足。

新手妈妈　学着做

5倍小米粥与大人米饭一锅出

给宝宝做的粥与大人的米饭一锅出，不但节省烹调时间，而且非常简单好学，每天和大人吃的米饭一起做就可以了，饭好了，粥也好了！

具体做法：先将大人吃的米淘洗干净后倒入锅中，添好水，再把宝宝的煮粥杯放在锅中央，把米向四周拨，将杯放在锅底即可，杯内米与水的比例控制在1∶5，然后开始蒸米饭就行了，等饭好了，粥也好了，大人孩子就可以一起吃了。如果宝宝的喉咙较为敏感，可把稀粥压烂后再喂给宝宝吃。

鸡肝小米粥

材料 鲜鸡肝、小米各100克。

调料 葱末、盐各适量。

做法

① 鸡肝洗净，切碎。小米淘洗干净。两者一同入锅煮粥。

② 粥煮熟之后，用盐调味，再撒上些葱末即可。

补血
养脾胃

妈妈
烹调笔记 鸡肝富含叶酸和维生素A，和小米搭配有助于宝宝大脑发育。

小米黄豆面煎饼

材料 小米面200克，黄豆面40克，干酵母3克。

调料 植物油适量。

做法

① 将小米面、黄豆面和干酵母放入面盆中，用筷子将盆内材料混合均匀，倒入温水搅拌成均匀无颗粒的糊。

② 加盖饧发4小时，将发酵好的面糊再次搅拌均匀。

③ 锅内倒植物油烧至四成热，用汤勺舀入面糊，使其自然形成圆饼。

④ 开小火，将饼煎至两面金黄即可。

清热解毒
健胃止呕

助力
大脑发育

丝瓜鱼泥小米粥

材料 丝瓜30克，鱼肉30克，小米50克。

做法

① 丝瓜洗净，去皮去瓤，切丝。鱼肉去刺，切碎。小米淘洗干净。

② 锅中加适量清水煮沸后放入小米，再次煮沸后加入丝瓜丝和鱼肉碎，煮至小米粥熟即可。

 妈妈们一定要知道的事

丝瓜中维生素B族等含量高，有利于宝宝大脑发育，还可以为宝宝补充丰富的维生素C。

清热祛火

苦瓜牛肉双米饭

材料 苦瓜50克，牛里脊肉、胡萝卜各30克，大米、小米各20克。

调料 植物油适量。

做法

① 大米、小米淘洗干净，煮成二米饭。苦瓜洗净，去皮去瓤，焯软。胡萝卜洗净，去皮，切丁，焯软。牛里脊肉洗净，切丁。

② 油锅烧热，放入牛里脊肉炒香，再加入苦瓜丁、胡萝卜丁炒至八成熟，加水焖煮至汁收。

③ 取盘，盛入适量二米饭，再将煮好的菜汁浇在饭上即可。

小米糊

材料 小米50克。

做法

① 小米洗净后放入搅拌机中磨碎。

② 将磨碎的小米放入小奶锅，加8倍于米量的水，用小火熬煮，边煮边搅拌，煮沸后再煮3~5分钟即可出锅。

调节宝宝免疫力

 妈妈们一定要知道的事

小米糊含胡萝卜素、维生素B族等，能帮助宝宝提高免疫力。

土豆小米粥

材料 土豆50克，小米30克，大米15克。

调料 盐、香油各1克，葱末、香菜末各2克。

做法

① 将土豆去皮，洗净，切小丁。

② 小米和大米分别洗净，用水浸泡30分钟。

③ 锅中放入土豆丁、小米、大米和适量清水，大火烧开，转小火煮至米粒熟烂，加盐调味，撒上葱末、香菜末，淋上香油即可。

 妈妈们一定要知道的事

小米和土豆搭配食用可预防便秘，健胃消食，还可以防止宝宝过敏。

强健肠胃

胡萝卜
营养好吃又不上火的"小人参"

健康关键词　☑ 保护眼睛　☑ 促进生长发育

谈营养说健康

胡萝卜含有多种营养成分，其中胡萝卜素含量较高。胡萝卜素进入人体后，在肠和肝脏可转变为维生素A，是膳食中维生素A的重要来源之一。维生素A有保护眼睛、促进生长发育、抵抗传染病的功能，是宝宝不可缺少的维生素，缺乏时会出现皮肤干燥，呼吸道黏膜抵抗力低，易感染，易患眼干燥症、夜盲症，骨骼、牙齿发育不良，生长发育迟缓等。

宝宝常吃些胡萝卜，可以帮助大脑增强记忆力，保护大脑的思维功能，降低痴呆症的患病率。

专家连线

1. 胡萝卜生吃与熟吃大不同，生的胡萝卜中维生素C含量丰富，熟的胡萝卜中胡萝卜素含量丰富。

2. 吃胡萝卜时，如果狼吞虎咽，只能吸收全部胡萝卜素的1%～2%，而细嚼慢咽可吸收5%～9%，所以吃胡萝卜时宜细嚼慢咽。

新手妈妈 学着做

让宝宝爱上胡萝卜的味道

胡萝卜是宝宝常吃的一种辅食，它营养丰富，对宝宝的健康很有好处，但大多数宝宝都不喜欢胡萝卜的味道，这让妈妈们很头痛。怎样能让宝宝乖乖吃下胡萝卜呢？请看妙招！

胡萝卜与肉、蛋、猪肝等搭配着吃，可以掩盖胡萝卜的味儿；也可以把胡萝卜剁得很细，放在肉馅中做成丸子或与其他剁碎的食材一起包成饺子，隐藏在宝宝喜欢吃的菜里面，他们发现不了，就会吃了！

胡萝卜鸡蛋碎

材料 胡萝卜50克，鸡蛋20克。

调料 生抽少许。

做法

① 胡萝卜洗净，上锅蒸熟，切碎。

② 鸡蛋带壳煮熟，放入凉水里泡一下，去壳，切碎。

③ 将胡萝卜碎和鸡蛋碎混合搅拌均匀，滴上生抽即可。

妈妈烹调笔记 鸡蛋煮熟后迅速放到冷水里面泡一会儿，就很容易去壳了。

预防呼吸道感染

香菇胡萝卜面

材料 鲜面条50克，香菇、胡萝卜各20克，菜心100克。

调料 蒜片10克，盐2克，植物油适量。

做法

① 菜心洗净，切段。香菇、胡萝卜均洗净，切片。

② 锅内倒植物油烧至五成热，爆香蒜片，放入胡萝卜片、香菇片、菜心段略炒，加足量清水大火烧开。

③ 将鲜面条用水冲洗一下，去掉外面的防粘淀粉，以保持汤汁清澈。

④ 将洗好的面条放入锅中煮熟，加盐调味即可。

护眼提高免疫力

增强
免疫力

胡萝卜鸡蛋饼

材料 胡萝卜、西葫芦各70克，鸡蛋15克，
面粉100克。

调料 葱花5克，盐1克，植物油适量。

做法

① 胡萝卜洗净，去皮，擦成丝。西葫芦洗
净，擦成丝。

② 面粉中磕入鸡蛋，放入西葫芦丝、胡萝卜丝、
适量清水、葱花、盐，均匀搅拌成面糊。

③ 平底锅倒油烧热，将面糊均匀地铺在锅
中，煎至两面熟透，盛出即可。

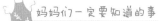 妈妈们一定要知道的事

胡萝卜鸡蛋饼含有维生素C、胡萝卜素、蛋白
质、卵磷脂等营养素，能够增强宝宝记忆力。

通气润肠

萝卜蒸糕

材料 大米粉50克，胡萝卜、白萝卜各50克。

调料 植物油、盐适量。

做法

① 白萝卜、胡萝卜洗净，去皮，切丝，一
起放入碗中，加少许盐腌5分钟，挤干水
分。大米粉加水调成浓稠的米糊。

② 油锅烧热后倒入胡萝卜丝、白萝卜丝翻炒
1分钟，关火，倒入大米糊搅拌均匀。

③ 取蒸碗，碗内刷一层油，倒入米糊，盖上
保鲜膜入蒸锅，水开后蒸30分钟。

④ 取出晾凉，切块即可。

胡萝卜小米糊

材料　胡萝卜、小米各50克。

做法

1. 小米洗净后放入搅拌机中磨碎，加适量水熬成粥糊。
2. 胡萝卜洗净，去皮，切块，蒸熟后压成泥。
3. 将胡萝卜泥放入小米糊中，搅拌均匀，稍煮后出锅即可。

增强免疫力

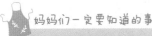 妈妈们一定要知道的事

胡萝卜小米糊富含胡萝卜素，二者搭配可以调节宝宝免疫力，促进宝宝视力发育。

胡萝卜炒海带

材料　胡萝卜、水发海带各100克，熟黑芝麻5克。

调料　盐1克，蒜末、醋、植物油各适量。

做法

1. 胡萝卜洗净，切丝。水发海带洗净，切丝。
2. 锅内倒油烧热，放蒜末爆香，加胡萝卜丝炒至金黄色，放海带丝，淋入醋翻炒至变软，调入盐，撒上熟黑芝麻即可。

利尿消肿
促进吸收

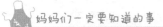 妈妈们一定要知道的事

胡萝卜素是脂溶性物质，用油烹调可以促进其吸收和利用。

红薯
宝宝体内酸碱平衡的调节师

健康关键词　☑促进发育　☑提高免疫力　☑预防便秘

谈营养说健康

红薯营养丰富，味道甜，口感软嫩，非常适合刚添加辅食的宝宝食用。红薯富含淀粉、维生素C、维生素B_1、胡萝卜素、钾等营养物质，热量较高，但不含脂肪。

红薯中赖氨酸和精氨酸含量都较高，对宝宝的发育和抗病能力都有良好作用。红薯中富含的可溶性膳食纤维有助于促进宝宝肠道益生菌的繁殖，提高机体的免疫力，预防和调理便秘。

专家连线

1. 红薯宜与大米、小米、玉米等一起煮成粥、做成饭等，能提高饱腹感、减少热量吸收。

2. 红薯与土豆都是富含淀粉的食物，两者在吃法上有一些相通之处，土豆的很多做法也很适用于红薯，如清炒红薯丝、红薯丁炒饭等。

3. 吃红薯时，要注意减少一天中其他主食的量。

新手妈妈 学着做

用红薯自制放心的食物磨牙棒

宝宝6个月左右时乳牙开始萌出，牙床变得痒痒的，很喜欢乱咬东西，进入了"磨牙期"。市面上卖的牙咬胶，除了要反复消毒，使用时间长了还易释放出有害物质。自制的食物磨牙棒做法简单，天然无污染，成本低，宝宝拿来磨牙的时候还能吃到一部分食物，会有成就感！这种食物磨牙棒其实就是红薯干。

具体做法：红薯洗净，隔水蒸熟，取出，切条，摆放在微波炉专用盘中，送入微波炉，用中火加热3～4分钟，戴上隔热手套取出，晾凉即可。

红薯鸡蛋饼

材料 红薯100克，鸡蛋1个，面粉20克。

调料 植物油适量。

做法

① 红薯洗净，切丁。鸡蛋打散，加入面粉和适量清水，搅拌均匀制成面糊，把红薯丁加进面糊里。

② 平底锅加热，刷上一层植物油，待烧至五成热时，倒进面糊，小火煎至两面金黄即可。

 煎的时候，如果想让饼熟得快点，可以盖上锅盖用小火煎。

营养丰富
促进成长

芋头红薯甜汤

材料 芋头、红薯各100克。

调料 红糖少许。

做法

① 芋头、红薯均洗净，切块。

② 锅置火上，加适量清水，放入红薯块、芋头块，先用大火煮2分钟，再改用小火煮至软烂。

③ 加入红糖搅拌均匀即可。

 芋头一定要烹熟，否则其中的黏液会刺激宝宝的咽喉。

通便排毒
美肤护齿

红薯米糊

材料 大米20克，红薯30克。

做法

① 大米洗净，浸泡30分钟，沥干，放入辅食研磨碗中磨碎。

② 将红薯洗净，蒸熟，然后去皮捣碎。

③ 把磨碎的大米和适量水倒入锅中，用大火煮开后，放入红薯碎，调小火充分煮开。

④ 用过滤网过滤，取汤糊即可。

薏米黄瓜红薯饭

材料 薏米、黄瓜、红薯各20克，大米30克。

做法

① 薏米、大米淘洗干净，用清水浸泡2小时。黄瓜洗净，去皮切小块。红薯洗净，去皮，切小块。

② 将泡好的薏米、大米连同红薯块、黄瓜块一起放入电饭煲中，加适量水煮成软米饭即可。

妈妈们一定要知道的事

薏米黄瓜红薯饭富含维生素B族、膳食纤维、维生素C等，有健脾开胃、预防便秘的作用。

补中益气

健脾开胃

红薯菜粥

材料 大米40克，红薯15克，圆白菜10克。

做法

1. 大米洗净后浸泡30分钟。红薯洗净去皮，切成小丁。圆白菜叶洗净，切碎。
2. 把大米和红薯丁一起放入锅中煮成粥。
3. 放入圆白菜碎，熟透后关火，放温即可。

缓解便秘
提供能量

 妈妈们一定要知道的事

煮粥食用有利于促进肠道蠕动，缓解宝宝便秘。

凉拌红薯叶

材料 红薯叶200克。

调料 生抽、蒜末各3克，醋4克，盐1克，香油2克。

做法

1. 红薯叶洗净，放入沸水中焯熟，捞出沥干，装入盘内。
2. 加盐、生抽、蒜末、醋拌匀，淋上香油即可。

妈妈们一定要知道的事

这道菜含有胡萝卜素、维生素C、钾、钙、膳食纤维等，有助于提高抗病力。

清热排毒
强化视力

西蓝花
吃出宝宝自己的免疫力

健康关键词 ☑增强肝脏解毒能力 ☑预防感冒 ☑保护心脏

谈营养说健康

西蓝花的营养较一般蔬菜丰富，不但热量低、膳食纤维含量高，还富含胡萝卜素、维生素C、维生素K、叶酸、黄酮类化合物，以及钙、钾等营养素，其中维生素C的含量相当于大白菜的4倍，维生素B_2与胡萝卜素的含量分别为大白菜的2倍和8倍。常吃西蓝花可以增强宝宝肝脏的解毒能力，还能提高宝宝的免疫力，预防感冒和坏血病的发生。

另外，西蓝花既有助于抗癌，又有益于心脏。一项研究发现，吃西蓝花还有助于降低克罗恩病的复发率。

专家连线

1. 烹调西蓝花尽量选择短时间加热的方法，断生之后马上盛出，不但能保持蔬菜的脆嫩感，还能较好地保留西蓝花中的营养。

2. 西蓝花尽量别生吃，将西蓝花用沸水焯烫一下再吃不但口感更好，其中富含的膳食纤维素也更容易被消化。

新手妈妈 学着做

让藏在花柄处的菜虫现形

西蓝花易生虫，而且有些菜虫会钻进花柄的缝隙处，这让西蓝花不容易被清洗干净。下面就教你如何将西蓝花彻底清洗干净并让藏在花柄处的菜虫现形。

具体做法：摘去西蓝花边缘的绿叶子，削去西蓝花的老根，将西蓝花放入淡盐水中浸泡10分钟（水量以没过西蓝花为宜），可以将藏匿在花柄缝隙处的菜虫逼出来，然后在拧开的水龙头下用软毛刷将西蓝花表面的污物洗刷干净，再将西蓝花倒着拿在手上，用流动的水冲洗花柄的缝隙处即可。

牛奶西蓝花

材料　西蓝花50克，牛奶30毫升。

做法

① 西蓝花清洗干净，放入水中汆烫至软。

② 将沥干水分的西蓝花掰成小朵。

③ 将掰好的西蓝花小朵放入小碗中，倒入准备好的牛奶即可。

健脑壮骨
补脾和胃

妈妈
烹调笔记　西蓝花焯烫的时间不宜过长，不然会损失营养。

西蓝花豆浆汁

材料　西蓝花200克，豆浆400毫升。

做法

① 西蓝花洗净，掰成小朵，放沸水中焯烫，晾凉备用。

② 把西蓝花和豆浆放入榨汁机中搅打成汁即可。

缓解宝宝
便秘

妈妈
烹调笔记　豆浆很容易变质，宜用当天现做的新鲜豆浆来制作。

增强宝宝
免疫力

西蓝花山药炒虾仁

材料 虾仁、西蓝花、山药各100克。

调料 蒜末20克，蚝油5克，植物油适量。

做法

① 虾仁洗净，去虾线。西蓝花切小朵，洗净，焯水。山药洗净，去皮，切菱形片。

② 锅内倒油烧热，爆香蒜末，放入虾仁翻炒至变色，放入山药片翻炒2分钟，加入西蓝花、蚝油翻炒调味即可。

妈妈们一定要知道的事

西蓝花搭配虾仁、山药，有补钙、开胃的作用。

利于
大脑发育

三文鱼西蓝花炒饭

材料 三文鱼100克，西蓝花50克，米饭80克。

调料 盐1克，植物油适量。

做法

① 西蓝花切小朵，洗净，焯水，捞出控干，切碎。三文鱼洗净。

② 锅内倒油烧热，放入三文鱼煎熟，加盐调味，盛出，碾碎。

③ 起锅热油，放入西蓝花和三文鱼翻炒，倒入米饭炒散，加盐调味即可。

妈妈们一定要知道的事

三文鱼和西蓝花搭配食用，能帮助提高抗病能力，还有利于大脑发育。

双花菜泥

材料 西蓝花、菜花各100克。

做法

① 西蓝花和菜花冲洗干净，切小块。

② 锅中加适量水，烧开，放入菜花和西蓝花，煮至全熟后捞出。

③ 放入料理机中，加少许温水打成泥糊，盛出即可。

促进
肠胃蠕动

**妈妈
烹调笔记** 清洗西蓝花时，取花冠部分，放入淡盐水中浸泡20分钟，能够有效去除西蓝花茎中的小虫子。

奶酪蔬菜泥

材料 西葫芦、西蓝花各50克，虾仁40克，奶酪20克。

调料 姜汁少许，植物油适量。

做法

① 西蓝花取花冠部分，洗净，切碎。西葫芦去皮，擦丝，与西蓝花碎一起放入碗中蒸熟。虾仁洗净，切碎，加姜汁腌10分钟。奶酪切碎。

② 平底锅中放适量油烧热，放入虾仁炒至变色，倒入奶酪碎炒化，倒入蒸熟的西蓝花碎和西葫芦丝，炒匀即可。

助力宝宝
大脑发育

番茄
守卫宝宝健康的最强抗氧化剂

健康关键词　☑预防感冒　☑预防便秘　☑帮助消化

谈营养说健康

　　番茄含有丰富的番茄红素，它是一种有助于预防癌症和心脏病的天然抗氧化剂。另外，番茄中还含有丰富的维生素C和大量的膳食纤维，这些成分能够帮助宝宝预防感冒，防止便秘。番茄中含有的苹果酸可以促进胃液分泌，帮助消化，具有强化吸收的作用。

专家连线

　　1. 生吃番茄可以吸收较多的维生素C，烹熟后食用能吸收更多的番茄红素。番茄可单独凉拌，也可与鸡蛋、豆腐、山药、土豆、菜花、西葫芦等一起炒食。番茄的加热时间不要过长，以免其中的番茄红素被分解掉。

　　2. 番茄亦蔬亦果的特性让它非常适合被用作加餐，既可以单独用番茄作加餐，也可以与其他食物，如酸奶、饼干等一起食用。

新手妈妈 学着做

巧去番茄的皮和籽

　　月龄小的宝宝难以消化番茄的皮和籽，妈妈在用番茄给宝宝制作食物的时候，一定要将番茄的皮和籽去除干净，这样才有利于宝宝食用和消化吸收。

　　具体做法：番茄洗净，在蒂部用刀划个"十"字，放入烧开的沸水中焯烫30秒，捞入冷水中浸凉后剥去表皮，切薄片，用钢勺的柄将番茄的籽挖下来即可。另一种给番茄去皮的方法不用动火，也很方便、管用，即取一个钢勺，像刮土豆皮那样在番茄表面刮一遍，然后在番茄的表皮撕开一个小口，很容易就能将番茄的皮剥下来了。

牛肝拌番茄

材料 牛肝50克，番茄20克。

做法

① 将牛肝外层薄膜剥掉之后用凉水泡出血水，然后放锅中煮烂，切碎。

② 番茄用水焯一下，随即取出，去皮、籽，并切碎。

③ 将切碎的牛肝和番茄拌匀即可。

妈妈烹调笔记 牛肝也可以换成鸡肝或猪肝。

开胃
补肝明目

番茄荷包蛋

材料 鸡蛋1个，番茄100克，菠菜20克。

调料 盐2克，葱丝3克，水淀粉10克，植物油适量。

做法

① 番茄用开水烫一下，去皮、籽，切成小片。菠菜洗净，焯水，切成小段。

② 锅置火上，加适量清水烧开，打入鸡蛋，煮成荷包蛋。

③ 另取净锅，放植物油烧热，下入葱丝煸炒，再下入番茄煸炒。

④ 将煮熟的荷包蛋及水倒入番茄锅中，加入盐、菠菜段烧开，用水淀粉勾芡即可。

保护心血管
增强免疫力

西瓜番茄汁

材料　西瓜瓤30克，番茄20克。

做法

1. 西瓜瓤去籽。番茄洗净后用沸水烫一下，去皮去蒂。
2. 将滤网或纱布清洗干净，滤取西瓜和番茄中的汁液，混匀即可。

 妈妈们一定要知道的事

宝宝可能会比较喜欢喝，但不能用其代替白开水。

番茄鳕鱼泥

材料　番茄20克，鳕鱼100克。

调料　植物油适量。

做法

1. 鳕鱼解冻，洗净，去皮、刺，用料理机打成泥。番茄洗净，去皮、蒂，用料理机打成泥。
2. 平底锅放油烧热，倒入番茄泥滑炒均匀，再放入鳕鱼泥炒熟即可。

 妈妈们一定要知道的事

番茄和鳕鱼搭配食用，能帮助提高抗病能力，还有利于大脑发育。

番茄巴沙鱼

材料 巴沙鱼70克，番茄30克。

调料 植物油、葱段、姜丝各适量。

做法

① 将巴沙鱼解冻后，用厨房纸巾擦去水分，切小块，加姜丝、葱段腌渍10分钟，取出姜丝和葱段。

② 番茄顶上划"十"字，放在沸水中烫一下，去皮，切小块。

③ 锅内倒油烧热，放入番茄块翻炒出汁，加适量水煮沸，倒入巴沙鱼块，煮5分钟，大火收汁即可。

增强免疫力
预防感冒

番茄烩茄丁

材料 茄子、番茄各100克。

调料 盐1克，植物油适量。

做法

① 茄子、番茄洗净，去皮，切丁。

② 锅内倒油烧热，放入茄丁和番茄丁炒熟，加盐调味即可。

 妈妈们一定要知道的事

番茄搭配茄子食用，能给宝宝提供膳食纤维、维生素B族等。

帮助消化
活血消肿

洋葱
宝宝的健康卫士

健康关键词 ☑提高免疫力 ☑增强抗病能力

谈营养说健康

洋葱含有维生素C、甲基硫化合物、前列腺素A、挥发油、钙、磷、铁、硒等营养物质，具有抗寒、抵御流感病毒、杀菌的作用，能增进食欲，促进消化。洋葱含有的黄酮类化合物具有强大的抗氧化能力，能清除伤害细胞的氧分子自由基以预防疾病。洋葱中含有大蒜素等植物杀菌素，具有较强的杀菌能力。所含的微量元素硒是一种很强的抗氧化剂，能增强细胞的活力和代谢能力。所以，洋葱对于提高宝宝免疫力可起到一定的作用。

专家连线

1. 有皮肤瘙痒症状的宝宝不宜吃洋葱，不然会使瘙痒加重。也不要给患有眼疾的宝宝吃洋葱，以免加重病情。

2. 晚餐最好不要给宝宝吃洋葱，因为食用洋葱后会有轻微的腹胀感，容易影响宝宝睡眠。

新手妈妈 学着做

巧切洋葱不流泪

洋葱的汁液含刺激性物质，切开后能挥发到空气中，直接刺激眼睛的角膜引起流泪，经鼻子吸入后通过反射也会引起流泪。怎样切洋葱能够不流泪呢？妈妈们一定很想知道吧。

具体做法：洋葱洗干净后放入冰箱冷藏2～4小时，将切洋葱的刀用清水润湿后再切洋葱就不会流眼泪了！还可以将洋葱对半切开，放入冷水中浸泡一会儿，然后再切，就不会让人流眼泪了。植物油溶解大蒜素的能力也很强，切洋葱之前可以将少量植物油涂抹在刀上，再切就不会流泪了。

海带鸡蛋饼

材料　鲜海带20克，蛋黄1个。

调料　葱末、植物油各适量。

做法

① 将新鲜的海带丝冲洗干净后放锅内煮2分钟，捞出切段，长短自定。

② 蛋黄在碗中打散，放入海带、葱末，加适量水，搅拌成蛋液。

③ 不粘锅放油烧至八成热，倒入蛋液快速摊平，一面凝固后翻至另一面，两面煎好后切开装盘食用。

抵御
流感病毒

什锦烩饭

材料　牛肉、大米各20克，胡萝卜、土豆、洋葱各50克，熟鸡蛋黄1个。

调料　牛肉汤、盐各少许。

做法

① 将牛肉冲洗干净，切碎。胡萝卜、土豆洗干净，去皮，切碎。洋葱洗净切碎。熟蛋黄捣碎。

② 将大米、牛肉碎、胡萝卜碎、土豆碎、洋葱碎、牛肉汤、盐放入电饭锅中蒸熟后，加蛋黄碎拌匀即可。

补虚
助成长

促进代谢
强化吸收

洋葱番茄蛋花汤

材料　洋葱、番茄、鸡蛋各30克。

做法

① 洋葱洗净，去老皮，切丁。番茄洗净，切小块。鸡蛋洗净，打散。

② 锅中加适量清水，煮开后放入洋葱丁煮熟，再放入番茄块煮开，淋上鸡蛋液，搅出蛋花即可。

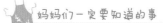
妈妈们一定要知道的事

这道汤可以帮助杀菌，促进食欲，帮助消化，还有助于预防感冒。

提高宝宝
免疫力

洋葱番茄肉酱意大利面

材料　洋葱20克，小番茄15克，牛肉40克，意大利面40克。

调料　水淀粉、植物油适量。

做法

① 将意大利面用清水浸泡30分钟，捞出剪成适合宝宝食用的长度，放入沸水锅中煮至软烂后盛出。

② 牛肉洗净，切末。番茄洗净，去皮，切小块。洋葱去老皮，洗净，切碎。

③ 平底锅中放入适量植物油，烧热后放入洋葱碎煸香，倒入肉末和番茄块炒熟，倒入水淀粉翻炒至浓稠，盛出，拌入煮好的意大利面中即可。

香芹洋葱蛋黄汤

材料 鸡蛋10克，香芹10克，洋葱30克，鸡汤各适量。

调料 水淀粉适量。

做法

① 香芹洗净，切碎。洋葱洗净，切碎。鸡蛋分离出蛋黄，打散。

② 锅中加水，将鸡汤、香芹碎和洋葱碎煮开，将蛋黄液慢慢倒入汤中，轻轻搅拌。

③ 向锅中倒入水淀粉烧开，至汤汁变稠即可。

增强细胞
活力

洋葱蛋包饭

材料 鸡蛋15克，洋葱、胡萝卜各20克，豌豆15克，玉米粒15克，培根10克，柿子椒10克，米饭100克。

调料 盐少许，植物油适量。

做法

① 所有蔬菜都洗净，洋葱、胡萝卜、柿子椒、培根切丁，胡萝卜丁、豌豆和玉米粒用沸水焯熟。

② 油锅烧热，放入各种蔬菜丁和培根丁炒熟，倒入米饭翻炒均匀，加盐调味。

③ 鸡蛋在碗中打散，换平底锅放适量油，倒入蛋液摊成蛋饼，盛入盘中。

④ 将炒好的米饭铺在蛋饼上，包起来后反过来铺在盘子上即可。

增强食欲
抵御病毒

牛肉
强壮身体的好肉食

健康关键词 ☑提高抗病能力 ☑滋养脾胃 ☑强健筋骨

谈营养说健康

牛肉营养丰富，是优质的高蛋白食物。牛肉除了能提高身体的抗病能力、滋养脾胃、强健筋骨以外，还能补血和修复组织。瘦牛肉中的脂肪含量较低，维生素A、维生素B_1、维生素B_6、维生素B_{12}、铁、锌和磷含量较高。

牛肉富含的锌不但有益于宝宝神经系统的发育，对免疫系统也有益，还有助于保持宝宝皮肤、骨骼和毛发的健康。

牛肉中富含一种铁，叫作血红素铁，这种铁更容易被人体吸收。

专家连线

1. 如果宝宝不喜欢牛肉的味道，可以把牛肉剁成肉馅和切碎的蔬菜混合，用蔬菜调和、掩盖牛肉的味道。

2. 清炖牛肉最能保留牛肉中的营养，并且用清炖的方法做出来的牛肉原汁原味，肉质软嫩，比较适合宝宝食用。

3. 牛肉的肉质纤维比较粗，有些部位不容易被消化，给宝宝吃的牛肉要尽量选嫩一些的，烹调得细软一些，同时一次不能让宝宝吃太多的牛肉，否则易引起消化不良。

新手妈妈学着做

做出宝宝爱吃的软烂牛肉

瘦牛肉的脂肪含量较瘦猪肉低，并富含铁，比较适合宝宝食用，而且瘦牛肉没有瘦羊肉的膻味，更适合宝宝的口味，但牛肉的肉丝较粗糙，如果烹调得不细软，不易消化。

具体做法：取25克瘦牛肉，洗净，切末，放入锅中，倒入清水熬煮至牛肉末烂熟，过滤出汤中的牛肉末，捣成牛肉泥，将热肉汤倒入牛肉泥中调成糊状即可。

蒜香牛肉粒

材料 牛肉150克，红椒、黄椒、蒜片各50克。

调料 盐2克，黑胡椒粉、植物油各少许。

做法

① 牛肉洗净，切丁，加黑胡椒粉、油腌渍半小时。红椒、黄椒洗净，去蒂及籽，切丁。

② 锅内倒油烧热，将牛肉丁煎至七成熟，倒入蒜片、红椒丁、黄椒丁翻炒均匀，加盐调味即可。

促骨骼发育

妈妈烹调笔记 这道菜含硒、镁、锌、蛋白质、维生素C等，可促进骨骼生长。

菠萝牛肉

材料 牛肉100克，菠萝50克。

调料 葱末、老抽、盐、植物油各适量。

做法

① 牛肉切片，用老抽腌30分钟。菠萝切成小丁，在淡盐水中浸泡15分钟。

② 起油锅，下入牛肉爆炒，下入菠萝丁，然后加一点盐和老抽，焖煮一会儿待肉汤收干，加入葱末即可。

增强宝宝肌肉力量

妈妈烹调笔记 牛肉和菠萝搭配，风味独特，更符合宝宝的胃口。

牛肉胡萝卜粥

材料 牛肉20克，胡萝卜40克，大米30克。

做法

① 牛肉洗净，切碎，用沸水焯一下。胡萝卜洗净，去皮，切丁。

② 大米淘洗干净，加适量水煮成粥，加入牛肉碎、胡萝卜丁一起煮熟即可。

妈妈们一定要知道的事

牛肉中肌氨酸含量高，有助于宝宝增长肌肉、增强力量，且其富含维生素B$_6$、锌和镁，有助于调节宝宝免疫力。

芹菜炒牛肉

材料 牛肉、芹菜各150克。

调料 料酒、生抽、葱末、姜末各5克，盐1克，植物油适量。

做法

① 牛肉洗净，切小片，用料酒、生抽、少许油腌渍15分钟。芹菜洗净，切小段。

② 锅内倒植物油烧热，炒香葱末、姜末，下牛肉片、芹菜段翻炒，加盐调味即可。

妈妈们一定要知道的事

牛肉富含锌，对儿童长高有促进作用；芹菜含有维生素C和膳食纤维。二者搭配食用，还有助于预防便秘。

牛肉酿豆腐

材料 牛里脊肉100克，鸡蛋豆腐100克。

调料 姜片、淀粉、植物油适量，盐少许。

做法

① 把姜片放在小碗中，加少许温水泡15分钟。

② 牛里脊肉切小块，洗净，放入料理机中打成泥。

③ 取适量泡好的姜水倒入牛肉泥中，用手反复抓匀，再放入盐、淀粉和植物油，用筷子朝一个方向搅拌均匀。

④ 将鸡蛋豆腐切成长方体，用小勺挖掉2/3，将拌好的牛里脊肉泥用勺填到豆腐中。

⑤ 取蒸锅加清水，将摆好的豆腐盘放入锅中，水开后继续大火蒸20分钟即可。

强健筋骨

豆腐烧牛肉末

材料 豆腐100克，牛肉40克。

调料 葱花、姜末、蒜末各4克，生抽3克，植物油适量。

做法

① 牛肉洗净，切末。豆腐洗净，切片。

② 锅内倒油烧热，炒香葱花、姜末、蒜末，放入牛肉末大火翻炒至变色，放入生抽炒香，加入适量水。

③ 待水开后放入豆腐片，转中火煮5分钟，然后改大火收汁即可。

强健体格
增强免疫力

动物肝脏
宝宝的天然补铁食物

健康关键词 ☑提高抗病能力 ☑滋养脾胃 ☑强健筋骨

谈营养说健康

动物肝脏是补血食品中最为普及的食物，尤其是猪肝，食用猪肝可以调节和改善人体造血系统的生理功能。所以，动物肝脏是婴幼儿理想的补血、补铁食物。

动物肝脏中富含的维生素A具有维持正常生长和生殖功能的作用，能保护眼睛，维持正常视力，防止眼睛干涩、疲劳，维持健康的肤色，对皮肤的健康具有重要意义。

经常食用动物肝脏还能补充维生素B_2，这对补充机体重要的辅酶和完成机体对一些有毒成分的清除有重要作用。

动物肝脏中还具有一般肉类食品中不含的维生素C和微量元素硒，能增强宝宝的免疫力。

新手妈妈 学着做

巧洗动物肝脏，干净没异味

动物肝脏是动物体内最大的解毒器官与毒物中转站，所以给宝宝吃的动物肝脏一定要清洗干净后再烹调。下面以清洗猪肝为例，介绍一下清洗动物肝脏既干净又没有异味的窍门。

具体做法：在猪肝表面撒些面粉，用手轻揉猪肝5分钟，再用流动的清水冲洗猪肝，剔除猪肝上的白色筋状物质，用温水浸泡猪肝10分钟，然后洗净就可以了！

专家连线

1. 动物肝脏的烹调时间不能太短，至少应该在急火中炒5分钟，使肝完全变成灰褐色，看不到血丝才好，否则不能杀死动物肝脏中的某些病菌和寄生虫卵。

2. 动物肝脏中胆固醇的含量较高，一次不宜食用过多，过多地摄入胆固醇，不利于心血管的健康。

芝麻肝

材料 猪肝50克，鸡蛋1个，芝麻20克，面粉
　　　 10克。

调料 姜末、盐各少许，植物油适量。

做法

① 将鸡蛋打散，搅拌均匀。猪肝洗净，切成
　 小薄片，加盐、姜末腌渍一下，蘸上面
　 粉、鸡蛋液和芝麻。

② 锅中放适量植物油烧至七成热，放入猪
　 肝，煎熟后捞出即可。

 煎的时候油温不能太高，不然外皮
煎熟了，里面还不熟。

补铁补血
养肝明目

肝黄粥

材料 猪肝30克，熟鸡蛋1个，大米40克。

调料 盐少许。

做法

① 将猪肝洗净，用刀切成蓉，加盐腌渍10分
　 钟。熟鸡蛋去壳，取出蛋黄，压成泥。

② 将大米淘洗干净，加适量清水，放入锅中
　 煮开，用小火继续煮成稀粥。

③ 将肝泥、蛋黄泥加入稀粥中稍煮即可。

 妈妈们一定要知道的事

正常的鸡蛋，蛋黄的颜色越黄，对宝宝眼睛的
健康越有好处。

保护视力
预防口角炎

虾
鲜美的补钙能手

健康关键词 ☑提高食欲 ☑增强体质 ☑促进身体和视力发育

谈营养说健康

虾肉肉质松软，易于消化。虾肉富含钙、磷、铁、硒等矿物质，还含有蛋白质、脂肪、维生素A、维生素B_1、维生素B_2及烟酸等，经常食用能提高宝宝的食欲并增强体质。

虾肉是味道鲜美的补钙能手，虾中含有的钙对婴幼儿牙齿及骨骼的发育有益处。

虾肉中牛磺酸的含量较高，牛磺酸对宝宝的眼睛很有好处，可促进宝宝的身体健康发育。

专家连线

1. 不要给患有湿疹、荨麻疹等疾病的宝宝喂食虾肉，不然会加重症状。

2. 虾皮通常含有较多的盐分，给宝宝烹调前宜用清水浸泡去盐。

3. 虾肉富含蛋白质、钙等营养物质，不宜与柿子、山楂等含鞣酸的水果一起吃，不然会影响对虾肉中蛋白质的吸收，还会出现呕吐、头晕、腹泻、腹痛等不适症状，吃完虾肉要间隔2小时后再吃这几种水果。

新手妈妈 学着做

巧用牙签去虾线

虾背上的虾线是虾未排泄完的废物，吃到嘴里有泥腥味，不但会影响宝宝的食欲，还不卫生，所以应去掉。许多新妈妈对如何去虾线很头痛，其实只要学会了正确的方法，去虾线是非常简单的!

具体做法：准备一只干净的牙签，从虾头和虾身的连接处向下数3个关节（虾头和虾身的连接算1个关节），用牙签穿过虾身，一手拿虾，一手拿牙签轻轻向外挑虾线，一般是靠近虾头一边的虾线会先被挑出来，慢慢用手拽虾线，靠近尾部一端的虾线就会被全部拉出来了。

营养食谱推荐

清蒸基围虾

材料 基围虾200克。

调料 盐2克，香菜段10克，葱末3克，酱油5克，香油少许。

做法

① 基围虾洗净，去头、壳和虾线，用盐、葱末腌渍。酱油中加香油调成味汁。

② 将基围虾放入盘中，上笼蒸15分钟，取出后撒上香菜段，食用时蘸调味汁即可。

妈妈烹调笔记 基围虾蒸制的时间不宜过长，否则会失去鲜嫩的口感。

促进食欲增强体质

虾末菜花

材料 菜花150克，虾30克。

调料 生抽5克，盐4克。

做法

① 菜花洗净，掰成小朵，放入沸水中，加少许盐，烫软后捞出切碎。

② 虾洗净，挑去虾线，放入沸水中煮熟后剥皮，切小块，加入生抽、盐再煮一下，均匀地倒在菜花上即可。

妈妈们一定要知道的事

患有过敏性鼻炎、反复发作的过敏性皮炎的宝宝不宜吃虾。

促进骨骼生长

135

增强体质
补钙健骨

什锦虾仁炒饭

材料 大米30克，燕麦15克，虾仁60克，西
葫芦、洋葱、豌豆各20克。

调料 生抽3克，白胡椒粉少许，植物油适量。

做法

① 大米洗净。燕麦洗净，浸泡4小时。将大米、
燕麦和适量清水放入电饭锅煮熟，盛出。

② 豌豆洗净，入沸水煮3分钟。虾仁洗净，
去虾线，切丁，加白胡椒粉、少许油略
腌。西葫芦、洋葱洗净，去皮，切丁。

③ 锅内倒油烧至七成热，放入虾仁丁、洋葱
丁、西葫芦丁翻炒至洋葱丁微微透明，放
入豌豆和燕麦米饭，加入生抽，翻炒片刻
即可。

清热利尿

荠菜虾仁馄饨

材料 馄饨皮60克，鸡蛋15克，虾仁40克，
荠菜100克，紫菜5克。

调料 生抽3克，盐1克，香油3克，葱花适量。

做法

① 鸡蛋打散，炒熟，盛出。虾仁洗净，去虾
线，切碎。荠菜洗净，焯水，切末。紫菜
撕碎。

② 鸡蛋液中加荠菜末、虾仁碎、盐、生抽、
香油拌匀，制成馅料。取馄饨皮，包入馅
料，做成馄饨生坯。

③ 锅内加水烧开，倒入碗中，放紫菜碎、香
油调成汤汁。另起锅，加清水烧开，下入
馄饨生坯煮熟，捞入碗中，撒上葱花即可。

木耳三彩虾球

材料　鲜虾20克，水发木耳15克，小番茄10克，西蓝花10克，面粉10克。

做法

① 鲜虾洗净，去掉虾线，取虾仁放入料理机中打成泥。

② 水发木耳洗净，去掉硬梗。小番茄洗净，对半切开。西蓝花洗净，去掉硬梗。三者分别放入料理机中打成泥。

③ 将虾肉泥分成三份，分别与木耳泥、小番茄泥、西蓝花泥加适量面粉搅拌上劲。

④ 准备一锅清水大火烧开，然后双手洗净，握住拌好的虾泥，从虎口处挤出一个个虾球放入开水中，转小火保持微沸，煮至虾球变白浮起，捞出即可。

保护视力

白萝卜虾蓉饺

材料　白萝卜50克，虾20克，饺子皮适量。

调料　植物油、盐各少许。

做法

① 白萝卜去皮，洗净，切丝。虾去皮，去虾线，洗净，切碎。

② 将白萝卜丝和虾肉放入碗中，倒入少许植物油、盐拌匀，包入饺子皮中。

③ 锅中加水大火烧开，放入饺子煮熟即可。

妈妈烹调笔记　白萝卜和虾一起做成馅可以淡化白萝卜独特的气味，避免宝宝初次尝试时不接受。

补气通便
促进吸收

鸡蛋
价格低廉的婴幼儿营养库

健康关键词 ☑全面补充营养 ☑促进脑部发育

谈营养说健康

　　鸡蛋含有非常多人体必需的营养物质，并且是我们自家厨房中最容易找到的食材，它含有丰富的易被宝宝身体吸收的卵黄磷蛋白、不饱和脂肪酸，钾、钠、镁、磷等矿物质，以及维生素A、维生素B$_2$、维生素B$_6$、维生素D、维生素E等营养物质。鸡蛋能为宝宝补充全面的营养，堪称价格低廉的婴幼儿营养库。鸡蛋黄中富含卵磷脂和DHA，能促进宝宝脑部的发育，有增强记忆力、健脑益智的功效。

专家连线

　　1. 鸡蛋的烹调方法有许多，比如煎、炒、烹、炸、煮、蒸，其中用蒸、煮方法烹调的鸡蛋最有营养，而且最容易被消化吸收。

　　2. 肾功能不全及皮肤生疮化脓的宝宝不宜食用鸡蛋，否则会加重不适症状。

　　3. 给宝宝吃的煮鸡蛋不宜煮得过老，否则蛋白质会凝结，不利于宝宝消化吸收。另外，妈妈们要注意不要给宝宝吃生鸡蛋。

　　4. 红皮鸡蛋能量、脂肪含量稍高，白皮鸡蛋维生素A含量稍高。

新手妈妈 学着做

煮出营养好吃的嫩鸡蛋

　　嫩鸡蛋不但好吃，而且营养更易于被宝宝吸收。喂给宝宝的鸡蛋切忌煮得过老，煮得过老的鸡蛋不仅口感硬，影响宝宝的食欲，而且蛋黄表面会形成灰绿色的硫化亚铁层，很难被宝宝消化吸收。

　　具体做法：用流动的清水洗净鸡蛋外壳，凉水下锅煮开后再煮3分钟，离火，不拿下锅盖闷2分钟即可。

虾皮鸡蛋羹

材料 鸡蛋1个，虾皮5克。

调料 香油适量。

做法

① 虾皮洗净，浸泡去咸味，捞出，切碎。鸡蛋洗净，磕入碗中，打散，蛋液中放入切碎的虾皮和适量清水搅拌均匀。

② 将搅打好的鸡蛋液放入蒸锅中，开火，待蒸锅中的水开后再蒸5~8分钟，取出淋上香油即可。

妈妈 烹调笔记 蛋液中加凉开水蒸出的鸡蛋羹会很细腻。

补钙
健脑益智

奶酪炒鸡蛋

材料 婴儿用奶酪、黄油各5克，鸡蛋1个，牛奶15毫升。

调料 橄榄油少许。

做法

① 将婴儿用奶酪捣碎。鸡蛋磕开，取蛋黄，搅匀成蛋液。

② 黄油蒸化后和奶酪、蛋液、牛奶一起充分搅拌成汁液。

③ 煎锅中放橄榄油烧热，放入搅好的汁液，用木勺边搅边炒，炒熟后关火盛出即可。

妈妈 烹调笔记 在大中型超市出售冷藏食品的区域即可买到奶酪片。

提高宝宝
抗病能力

滋阴明目

蛤蜊蒸蛋

材料 蛤蜊50克，鸡蛋、虾仁各15克，香菇
10克。

做法

① 先把蛤蜊放在水中浸泡，让其吐净泥
沙，再放入沸水中焯烫至张开，取出蛤
蜊肉。

② 香菇洗净，焯熟，切碎。虾仁、蛤蜊肉
切碎。

③ 鸡蛋打散，加入蛤蜊碎、虾仁碎、香菇
碎，搅拌均匀，蒙上保鲜膜，用牙签扎
几个透气孔。

④ 蒸锅中加水，水开后将鸡蛋液入蒸锅，
隔水蒸15分钟即可。

健脑益智

干贝厚蛋烧

材料 鸡蛋20克，番茄15克，干贝10克。
调料 植物油适量。

做法

① 番茄洗净，去皮，切碎。干贝洗净，用
水泡30分钟后隔水蒸15分钟，切碎。

② 鸡蛋在碗中打散，放入番茄碎、干贝碎
搅拌均匀。

③ 油锅烧热，先均匀地倒一层蛋液，凝固
后卷起盛出，再倒一层蛋液重复操作。

④ 将卷好的蛋卷盛出，切段即可。

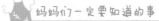
妈妈们一定要知道的事

干贝可以为宝宝提供丰富的钙、磷、铁及蛋白
质等多种营养素。

鱼
营养全身的天然保健品

健康关键词　☑健脑补钙　☑促进生长发育

谈营养说健康

　　鱼，特别是深海鱼，营养丰富，其蛋白质及钙、磷、碘等矿物质的含量均高于其他肉类，含有人体必需的8种氨基酸，还含有多种维生素，特别是维生素A、维生素D等脂溶性维生素。

　　鱼，特别是深海鱼，含有丰富的卵磷脂、不饱和脂肪酸、DHA等有益于宝宝大脑发育的营养物质。卵磷脂是大脑中神经介质乙酰胆碱的重要来源，可增强宝宝的记忆、思维和分析能力。DHA是构成脑细胞不可缺少的营养物质，能增强婴幼儿的记忆力和思维能力，并能提高智力。此外，鱼肉还能为宝宝补充优质蛋白质，促进生长发育，还能为宝宝补充足量的钙。

专家连线

　　1. 给宝宝做鱼肉宜用烧、蒸的方法，这样更易于保留鱼肉中的营养。

　　2. 给宝宝喂食的鱼肉一定要烹熟煮透，因为有些深海鱼体表或体内会有寄生虫。

　　3. 给宝宝食用的鱼宜选体内没有小细刺的，比如鳕鱼、黄花鱼、扒皮鱼等，以避免宝宝被鱼刺卡到。

新手妈妈 学着做

让鱼肉的味道更鲜美

　　鱼肉肉质细嫩，易消化，对月龄小的宝宝尤为适宜，常食能促进生长发育，强健身体。给宝宝食用的深海鱼宜选用略带脂肪的鱼肚肉，吃起来嫩而不柴，但是深海鱼的腥味较大，所以去腥很关键，这样宝宝才能接受鱼肉的味道，摄取鱼肉的营养。

　　具体做法：把去净鱼刺的鱼肉洗净，放入烧至温热的水中，淋入少许醋，烧至锅中的水沸腾，淋入适量的水淀粉，这样煮出的鱼肉会变得更鲜美，肉质更嫩滑，妈妈们赶紧试试吧！

促进宝宝大脑发育

鱼肉香糊

材料 海鱼肉50克。

调料 盐、水淀粉、鱼汤各适量。

做法

① 将海鱼肉洗净，切条，蒸熟，去骨、刺和皮，剁成肉泥。

② 把鱼汤煮开，下入鱼肉泥，用水淀粉略勾芡，加盐调味即可。

妈妈烹调笔记 宜选用鳕鱼、鲈鱼等没有碎刺的海鱼，比较适合宝宝食用。

有利于宝宝生长发育

金黄鳕鱼片

材料 鳕鱼200克，鸡蛋1个。

调料 醋、植物油、盐各适量。

做法

① 将鳕鱼肉用水洗净，擦干水分，切成片，淋上醋，撒上适量盐。

② 鸡蛋打散，加盐调匀。

③ 平底锅烧热后倒入植物油，将鳕鱼片放入蛋液中打滚，再放入锅中，用小火煎黄即可。

妈妈烹调笔记 鳕鱼片裹上一层蛋液后不但煎出来色泽金黄，而且煎的时候鱼肉不会粘锅。

鳕鱼泥

材料 鳕鱼50克。

做法

① 鳕鱼肉解冻，洗净，去皮去刺，放入盘中入锅蒸熟。

② 将蒸熟的鳕鱼肉用料理机打碎成泥即可。

改善大脑和视网膜功能

 妈妈们一定要知道的事

鳕鱼含有的优质蛋白质、多不饱和脂肪酸和DHA，可以促进宝宝大脑发育。

香菇鱼肉泥

材料 香菇10克，鱼肉100克。

做法

① 鱼肉洗净，去皮去刺。香菇洗净，去蒂，切碎。

② 鱼肉和香菇碎分别装碗，入锅蒸熟。

③ 取出，把鱼肉碾碎，将鱼肉碎和香菇碎混合在一起，拌匀即可。

养血补气开胃助食

 妈妈们一定要知道的事

香菇和鱼肉搭配有助于调节宝宝免疫力。

增强宝宝
记忆力

龙利鱼软面

材料 面条80克，龙利鱼60克，菠菜15克。
调料 淀粉、植物油各适量。

做法

① 龙利鱼洗净，切丁，加淀粉静置一会儿。菠菜择洗干净，切碎。

② 平底锅中刷薄薄的一层植物油，倒入龙利鱼丁煸炒至五成熟，盛出备用。

③ 换锅加适量水煮沸，把面条折成小段后放入锅中，待面条煮沸后放入龙利鱼丁，转中火煮5分钟，加菠菜碎略煮即可。

 妈妈们一定要知道的事

龙利鱼有助于增强宝宝记忆力，保护眼睛。

增强
肠胃动力

丝瓜鱼泥小米粥

材料 丝瓜30克，鱼肉30克，小米50克。

做法

① 丝瓜洗净，去皮去瓤，切丝。鱼肉去刺，切碎。小米淘洗干净。

② 锅中加适量清水煮沸后放入小米，再次煮沸后加入丝瓜丝和鱼肉碎，煮至小米粥熟即可。

 妈妈们一定要知道的事

丝瓜鱼泥小米粥不仅可以促进宝宝大脑发育，还可以为宝宝补充丰富的维生素C。

苹果
让宝宝头脑好用的"记忆果"

健康关键词　☑健脑　☑保护心脏　☑排毒

谈营养说健康

每100克苹果中含4毫克钙、7毫克磷、0.3毫克铁，含有50微克的胡萝卜素，以及一定量的维生素C、维生素A和维生素E。

苹果中还富含糖、维生素、矿物质等大脑所需的营养素，而且富含锌，有"记忆果"之称。

苹果中所含的磷和铁等营养物质易被肠壁吸收，可起到补脑的作用；苹果中的果酸可以让宝宝的身体保持健康的弱碱性，还能使宝宝精力旺盛。常吃苹果对宝宝的心脏很有好处。

此外，苹果中含有的果胶是一种膳食纤维，可以帮助宝宝排出体内的毒素，特别有利于宝宝将吸入的空气污染物排出。

专家连线

新手妈妈　学着做

宝宝爱吃妈妈做的熟苹果泥

苹果泥含有多种维生素和矿物质，适合4~6个月的宝宝食用。苹果泥具有补气血、健脾胃的功效，对宝宝缺铁性贫血有较好的防治作用，对消化不良、脾虚的宝宝也较为适宜。宝宝常吃苹果泥，还可预防佝偻病。

具体做法：取1个苹果洗净后去皮和蒂，除核，切成小丁，装入蒸碗中，加少许清水，送入烧开的蒸锅蒸20分钟，取出，凉至温热，用杵棒将蒸熟的苹果丁捣碎，即做成熟苹果泥。

1. 苹果可搭配梨、橙子、菠萝等做色拉，高热量的色拉酱要少放，可以适当加点柠檬汁调味。

2. 苹果汁宜现榨现喝，否则含有的营养物质十分容易被氧化。如果宝宝能吃苹果肉，最好吃苹果肉，吃完后漱口，避免苹果的酸性物质影响宝宝牙齿发育。

3. 给苹果淋上点水，表皮上放点盐，来回轻搓，可去掉残留农药，带皮直接吃，可以保留更多的果胶成分。

促进宝宝
智力发育

苹果色拉

材料 苹果50克，葡萄干5克，橙子40克，
　　　酸奶15克。

做法

① 苹果洗净后去皮、籽，切小丁。葡萄干泡
软。橙子去皮、籽，切小丁。把此食材盛
到水果盘里。

② 把酸奶倒入水果盘里搅拌均匀即可。

妈妈
烹调笔记

苹果宜现切现吃，放置时间长不仅
会氧化变黑，而且会损失营养。

增强宝宝
记忆力

胡萝卜牛肉馅饼

材料 面粉、胡萝卜各150克，牛肉50克，洋
葱30克。

调料 盐2克，葱花10克，生抽、十三香、香
油、植物油各适量。

做法

① 牛肉、洋葱、胡萝卜洗净，切丁，放碗
中，加盐、生抽、十三香、香油、葱花和
适量清水搅拌均匀，即为馅料。

② 面粉加盐、适量温水和成面团，分成剂子，
擀薄，包入馅料，压平，即为馅饼生坯。

③ 电饼铛底部刷一层油，放入馅饼生坯，盖
上盖，煎至两面金黄即可。

苹果密瓜水果粥

材料 苹果20克，哈密瓜15克，蓝莓5克，大米50克，香蕉1根。

做法

① 大米浸泡30分钟，淘洗干净。哈密瓜去皮去籽，取肉切小块。香蕉去皮切片。苹果洗净，去皮去核，切小块。蓝莓洗净。

② 先将大米煮成粥，熟时加入哈密瓜块、苹果块煮软，再加入香蕉片和蓝莓，略煮即可。

补脑护眼

妈妈烹调笔记　各种水果搭配不仅口感丰富，营养也丰富。

苹果米糊

材料 苹果25克，米粉20克。

做法

① 苹果洗净，去皮去核，蒸熟后用搅拌机打成泥糊。

② 取适量温水将米粉调成适合宝宝吃的性状，再拌入苹果泥即可。

增强宝宝记忆力

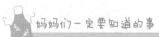
妈妈们一定要知道的事

苹果米糊可以帮助宝宝补充钾、镁等矿物质，还含有有机酸，助力大脑发育，提高抗病力。

猕猴桃
呵护宝宝健康的维生素C之王

健康关键词　☑抗病　☑保护肝胆　☑保护心脏

谈营养说健康

　　猕猴桃含有10多种人体所需的重要营养素：氨基酸、碳水化合物、维生素C、维生素A、膳食纤维，以及钾、钙、镁等矿物质。猕猴桃中维生素C的含量比柑橘、苹果等水果高几倍。

　　猕猴桃含两种天然的抗氧化维生素：胡萝卜素、维生素C。这两种营养素都可以提高宝宝的免疫力，让宝宝少生病。此外，猕猴桃所含的酚类、糖类物质及矿物质对人体修护细胞膜、活化免疫细胞都有重要作用。

　　此外，猕猴桃中的果胶能使宝宝的肠道减少对铅的吸收；猕猴桃含有的硒能保护宝宝的肝胆、心脏和造血系统。

专家连线

　　1. 猕猴桃性质寒凉，患风寒感冒的宝宝不宜吃猕猴桃，脾胃功能较弱的宝宝要少吃。

　　2. 果肉呈浓绿色的猕猴桃品质好，而且营养素的含量较高。

　　3. 给宝宝吃完猕猴桃后不宜马上喂牛奶，因为猕猴桃中维生素C含量较高，易与牛奶中的蛋白质凝结成块，不但影响消化吸收，而且会令宝宝出现腹痛、腹胀、腹泻等不适症状。

新手妈妈 学着做

催熟猕猴桃，苹果和梨来帮忙

　　充分成熟的猕猴桃质地较软，并有香气，这是猕猴桃较适宜食用的状态。但是，我们买回家的猕猴桃大多质地较硬，并且味道酸，还不宜食用。只要存放得当，质地较硬的猕猴桃很快就会变软，口味也会随之变甜。

　　具体做法：将买回来的质地较硬的猕猴桃放入塑料袋中，再取与猕猴桃数量相同的苹果或梨放入装有猕猴桃的塑料袋中，扎紧袋口，在阴凉通风处放置3~5天，猕猴桃就会变软变甜！

猕猴桃杏汁

材料　猕猴桃200克，杏50克。

做法

① 猕猴桃洗净，去皮，切小丁。杏洗净，去核，切小丁。

② 将猕猴桃丁和杏肉丁一同放入榨汁机中加适量饮用水榨汁，倒入杯中饮用即可。

清热降火
润燥通便

妈妈
烹调笔记　做好的猕猴桃杏汁应尽快饮用，因为放置时间长了会损失营养。

猕猴桃果酱

材料　猕猴桃200克，水发银耳15克，鲜柠檬1片。

做法

① 猕猴桃去皮，切丁。银耳去蒂，洗净，撕成小朵。

② 将猕猴桃丁、鲜柠檬片、银耳放入豆浆机中，加适量饮用水，启动豆浆机，按下"果酱"键，至豆浆机提示做好后即可。

提升宝宝
免疫力

妈妈
烹调笔记　自己制作的果酱不含防腐剂，容易变质，必须送进冰箱冷藏。

149

修护细胞膜
活化免疫细胞

猕猴桃甜汤

材料 猕猴桃、苹果、梨各20克。

做法

① 苹果、梨洗净，去皮、核，切小块，放入锅中，加水没过食材，煮软。

② 猕猴桃去皮，果肉切块放入锅中，煮2~3分钟即可。

妈妈们一定要知道的事

猕猴桃中含有丰富的维生素C，有助于促进铁吸收，调节免疫力。

抑菌排毒
保护肝胆

猕猴桃雪梨汁

材料 猕猴桃100克，雪梨70克，柠檬10克。

做法

① 猕猴桃洗净，去皮，切小块。雪梨洗净，去皮及核，切小丁。柠檬洗净，去皮及籽，切小块。

② 将上述食材放入榨汁机中，加入适量饮用水，搅打均匀即可。

妈妈烹调笔记

制作果蔬汁时，将食材处理后放入榨汁机中，还需要加入适量饮用水，一般加水量为食材量的1~2倍。

橙子

让宝宝少生病的酸甜精灵

健康关键词　☑提高免疫力　☑抗癌排毒　☑止咳化痰

谈营养说健康

橙子营养丰富，含有胡萝卜素、维生素B族、维生素C、柠檬酸、苹果酸、果胶等营养成分。在所有的水果中，橙子所含的抗氧化物质最多，包括60多种黄酮类化合物和17种胡萝卜素。黄酮类化合物具有抗炎症、强化血管和抑制凝血的作用；胡萝卜素具有很强的抗氧化功效。这些成分使橙子对多种癌症的发生有抑制作用。

橙子中维生素C的含量丰富，能提高宝宝的免疫力，增强抗病能力；橙子还是钾元素的天然来源，并且不含钠和胆固醇；橙子所含的膳食纤维和果胶，可促进肠道蠕动，有利于清肠通便，排出体内有害物质。

专家连线

1. 中医学认为，橙子一次不要多吃，吃多了容易伤肝气，生虚热。口干咽燥、舌红苔少的宝宝不适合吃橙子。

2. 宝宝2岁前如果经常吃些橙子，喝些橙汁，可以提高身体对疾病的抵抗能力。

3. 爸爸妈妈不要在饭前空腹时给宝宝吃橙子，因为橙子所含的有机酸会刺激胃黏膜，不利于宝宝的消化。

4. 橙子最好生吃，如果烹煮，应尽量缩短加热时间，以免高温破坏其所含的营养物质。

新手妈妈　学着做

轻松去橙子皮

冬季是吃橙子的季节，大多数人在吃橙子的时候都会用刀把它切开，这时候橙子的汁液就会流出来，既浪费又不卫生，如果我们能用手把橙子皮剥掉，就避免了这个问题。

具体方法：把橙子放在桌面上，用手掌压住慢慢地来回揉搓一会儿，用力要均匀，多搓几下，橙子变软了，就会像橘子一样容易剥皮了，吃起来既干净又方便。

增强宝宝
抗病能力

猕猴桃橙汁

材料 猕猴桃、橙子各80克。

做法

① 将橙子去皮、核，切小块。猕猴桃去皮，切小块。

② 将橙子块、猕猴桃块一起放入榨汁机中，加适量饮用水搅打成汁。

③ 将搅打好的混合液倒入杯中即可。

妈妈
烹调笔记

猕猴桃宜选绿色果肉的，不但酸甜适口，而且营养素含量高。

增强抗病力

香蕉橙子豆浆

材料 橙子、香蕉各100克，豆浆400毫升。

做法

① 将橙子去皮，切块。香蕉去皮，切块。

② 将橙子块、香蕉块跟豆浆一起放入榨汁机中搅打均匀即可。

妈妈
烹调笔记

豆浆宜选不带甜味的原味豆浆，减少宝宝糖的摄入。

香橙小煎饼

材料 橙子20克，低筋面粉适量。

调料 植物油适量。

做法

① 橙子洗净，切成圆片，去籽，挖出果肉，用料理机打成泥。

② 低筋面粉放入碗中，将打好的橙子泥倒入面粉中，加适量清水搅拌成均匀的面糊。

③ 平底锅刷油，放入橙子皮圈，将面糊倒入圈中，小火煎至面糊固定后翻面，反复翻面至煎熟即可。

 使用橙子皮圈，可使煎饼味道香甜可口。

提高免疫力

香桃橙子果泥

材料 桃子、橙子、香蕉各20克。

做法

① 桃子、橙子洗净，去皮，切小块。

② 将香蕉放入料理机中打成泥，盛出，加入桃子块、橙子块，搅拌一下即可。

 桃子、橙子清香，香蕉甘甜，这款果泥是很好的辅食小甜品。

促进肠胃蠕动
润肠通便

153

香菇
赶走宝宝身边的感冒病毒

健康关键词 ☑预防感冒 ☑健脑 ☑排毒

谈营养说健康

香菇富含维生素B族、维生素C，以及钙、磷、镁、钾等矿物质，还含有一种一般蔬菜中缺乏的能增强人体抵抗疾病能力的麦角甾醇，对宝宝的生长发育非常有好处。

香菇中的多糖可调节人体内有免疫功能的T细胞活性，使机体的免疫力增强，有效对抗多种癌症。香菇还具有预防感冒的功效，宝宝经常食用，可以增强对感冒病毒的抵抗力。香菇含有的膳食纤维吸水性强，能吸收胆固醇，将有害物质排出体外。

香菇还富含硒，硒对小儿神经系统的发育有不可忽视的影响，因为硒与脑中大多数的蛋白质有关。缺乏硒会影响宝宝大脑中一些重要酶的活性，使大脑结构发生改变，从而导致智力低下等疾病。

新手妈妈 学着做

超省时快速泡发干香菇

有时候妈妈们可能会遇到这种情况，心里想着要用香菇做菜，但准备炒菜时才发现干香菇还没有泡发。别着急，快速泡发香菇妙法来帮你！

具体做法：取适量香菇放进带盖的方便摇晃的容器里，加一点儿盐，倒入温水没过香菇，盖上盖子，上下用力摇晃2～3分钟，刚才还干硬的香菇，已经被泡发了！

专家连线

1. 泡发好的香菇要放在冰箱里冷藏才不会损失营养。

2. 泡发干香菇的水不要丢弃，因为香菇中的很多营养物质都已溶在水中。

3. 市场上销售的香菇有人工干燥和日晒干燥两种类型，从营养方面考虑，最好选择日晒加工的香菇，因为香菇所含的维生素D原需要接受日光的照射才能转化为能被人体吸收的维生素D。

4. 香菇比较适合体质虚弱、饮食不香、尿频的宝宝食用。

七彩香菇

材料　水发香菇、水发木耳各100克，青椒、
　　　　红椒、熟冬笋各50克，绿豆芽5克。

调料　盐、水淀粉、植物油各适量。

做法

① 将青椒、红椒、熟冬笋、绿豆芽、木耳洗
　净后都切成细丝，香菇洗净后切成小块。

② 锅中加植物油烧热，将所有食材放入锅中
　煸炒，加少许水翻匀，放盐，用水淀粉勾
　芡即可。

健脾开胃
排毒

香菇猪肉水饺

材料　面粉100克，水发香菇、猪肉各50克。

调料　盐2克，香油适量。

做法

① 香菇去蒂洗净，焯水，切米粒状的丁。猪
　肉洗净剁成泥，加香菇丁拌匀，再加盐、
　香油和成馅。

② 面粉加水和成冷水面团，揪剂，擀成饺子
　皮，包入馅料，入开水锅中煮熟即可。

妈妈
烹调笔记

香菇和猪肉的搭配，不仅可以给宝宝
提供充足的维生素和矿物质，还能补
充蛋白质。

健体益智

润肠通便
排毒

香菇蔬菜粥

材料 大米30克，香菇20克，芹菜、胡萝卜、玉米粒各10克。

做法

① 香菇洗净，切成碎丁。大米浸泡30分钟，淘洗干净。

② 取适量芹菜、胡萝卜洗净，切丁。胡萝卜洗净，去皮，切丁。玉米粒洗净。

③ 锅中加适量水，将大米、香菇丁、芹菜丁、胡萝卜丁、玉米粒一起放入锅中熬煮成粥即可。

促进
大脑发育

香菇虾仁烩面

材料 香菇20克，虾仁15克，胡萝卜、黄瓜、玉米粒各10克，手擀面50克。

调料 姜末、生抽少许，植物油适量。

做法

① 香菇洗净，切丁。胡萝卜、黄瓜分别洗净，去皮，切丁。虾仁、玉米粒分别洗净。

② 油锅烧热，放入姜末炒香，放入香菇丁、胡萝卜丁、黄瓜丁、虾仁和玉米粒翻炒至断生，加适量水煮熟。

③ 将手擀面放入锅中，加生抽，煮熟即可。

妈妈
烹调笔记

妈妈在做烩面的时候放了生抽就不用放盐了，避免宝宝盐摄入过量。

香菇豆腐鸡蛋羹

材料 豆腐150克，鲜香菇40克，虾皮5克，鸡蛋15克。

调料 葱花4克，香油、料酒各适量。

做法

① 豆腐洗净，搅打成泥。鲜香菇洗净，焯水，切丁。鸡蛋打散备用。

② 豆腐泥中加入鸡蛋液、虾皮、香菇丁，调入料酒搅匀，盛入碗中。

③ 将碗放入蒸锅中大火蒸约10分钟，撒葱花，滴上香油即可。

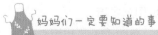 妈妈们一定要知道的事

豆腐含有丰富的蛋白质、钙等，搭配富含维生素D的香菇食用，可以促进宝宝对钙的吸收。

预防感冒
调节免疫力

香菇胡萝卜炒芦笋

材料 芦笋100克，胡萝卜50克，鲜香菇20克。

调料 蒜末5克，盐2克，植物油适量。

做法

① 鲜香菇、胡萝卜、芦笋洗净，香菇切片，胡萝卜切细条后焯水，芦笋切段后焯水。

② 锅内倒油烧热，炒香蒜末，加胡萝卜条、香菇片、芦笋段炒熟，加盐即可。

妈妈们一定要知道的事

三者搭配食用，可以促进宝宝骨骼、大脑发育。

保护视力

木耳
宝宝消化系统的"清道夫"

健康关键词　☑补血　☑排毒　☑健脑

谈营养说健康

　　木耳营养丰富，含有蛋白质、膳食纤维、碳水化合物、胡萝卜素、维生素A、维生素B_2、维生素C、钾、镁、钙、磷、铁等营养物质，有"素中之荤"的美誉。

　　每100克木耳含铁量高达185毫克，相当于鲫鱼含铁量的70倍，婴幼儿常吃些木耳可使肌肤健康红润，还能预防缺铁性贫血。

　　木耳中磷的含量较高，磷对宝宝脑神经的发育有良好的滋养作用。中医学认为，木耳具有强智等功效。此外，木耳还具有清肺、祛瘀生新的功效，经常食用，能预防宝宝肺部疾病。木耳中含有一种特殊胶质，能够吸附宝宝消化系统的灰尘并将其排出。

专家连线

　　1. 木耳性质滋润，易滑肠，会加重腹泻症状，因此腹泻的宝宝不要食用。

　　2. 鲜木耳含有毒素，不能食用，所以切不可给宝宝吃鲜木耳，以免引起中毒。

　　3. 木耳经过高温烹煮后，才能提高膳食纤维及木耳多糖的溶解度，有助于吸收利用，所以木耳一定要煮熟，不要用水泡发后就直接食用。

新手妈妈 学着做

泡出松软朵大的木耳

　　木耳的泡发和清洗很重要，泡发充分的木耳更好吃，清洗干净的木耳才不易有残留的沙粒，以免硌伤宝宝娇嫩的牙齿。

　　具体做法：取适量干木耳放入盛器中，倒入淘米水没过木耳，浸泡6~8小时，可泡发出松软朵大的木耳。清洗木耳时在水中加少许淀粉浸泡一会儿再洗，能充分洗净木耳上的脏污！

木耳炒肉

材料　水发木耳100克，瘦肉100克。

调料　小葱段少许，植物油、盐、水淀粉各适量。

做法

① 木耳洗净，切片。瘦肉洗净，切片，加少许水淀粉拌匀。

② 锅中加植物油烧至八成热，下入肉片滑炒至变色盛出。

③ 锅内留少许油，放入小葱段、木耳炒至快熟时，加入肉片，调入盐，中火炒匀，用水淀粉勾芡即可。

改善缺铁性贫血

核桃木耳大枣粥

材料　大米30克，熟核桃仁15克，水发木耳10克，大枣3个。

做法

① 大米洗净。熟核桃仁碾碎。水发木耳去蒂，洗净，切碎。大枣洗净，去核，切碎。

② 将上述食材倒入锅内，加入足量的清水，大火烧开后转小火煮成米粒熟烂的稠粥即可。

妈妈们一定要知道的事

木耳富含具有清洁血液和解毒功效的生物化学物质，有利于宝宝的身体健康。

调理血虚

清肺
调理便秘

木樨肉

材料 鸡蛋15克，猪里脊50克，水发木耳、
黄瓜、胡萝卜各30克。

调料 盐1克，葱末、姜末、蒜末、植物油各
适量。

做法

❶ 鸡蛋打散成蛋液，炒成鸡蛋块。猪里脊洗
净，切片。水发木耳洗净，撕小朵。黄
瓜、胡萝卜洗净，切片。

❷ 锅内倒油烧热，炒香葱末、姜末、蒜末，
放入肉片炒散，再倒入木耳、黄瓜片、胡
萝卜片翻炒，倒入鸡蛋块翻炒，加盐调味
即可。

预防贫血
强健体质

什锦木耳饭

材料 玉米粒、豌豆、胡萝卜各30克，柿子
椒、红甜椒各20克，水发木耳20克，
鸡胸肉40克，米饭50克。

调料 生抽、淀粉各少许，植物油适量。

做法

❶ 玉米粒、豌豆洗净，煮熟。胡萝卜洗净，
去皮，切丁，煮熟。柿子椒、红甜椒洗
净，去籽，切丁。木耳去掉硬梗，洗净，
撕碎。鸡胸肉洗净，切丁，拌入淀粉，静
置10分钟。

❷ 锅内倒油烧热，倒入鸡丁翻炒变色，倒入
木耳碎炒熟，再放入玉米粒、豌豆、胡萝
卜丁、柿子椒丁、红甜椒丁，淋上生抽，
翻炒均匀，倒入米饭翻匀即可。

海带
宝宝摄取钙、铁的宝库

健康关键词 ☑增强记忆力 ☑防辐射 ☑改善缺铁性贫血

谈营养说健康

海带富含碘、钙、磷、硒等宝宝必需的矿物质及多种维生素，对宝宝的生长发育很有益处。

海带的含碘量较高，碘是人体不可缺少的营养素，尤其是宝宝生长发育与智力发育不可缺少的。另外，海带还富含胆碱，可以帮助宝宝增强记忆力，有助于认知新事物。

海带所含的胶质能促进体内的放射性物质随同大便排出体外，从而减少放射性物质在宝宝体内的积聚，也降低了放射性疾病的发病率。

每100克干海带中含348毫克钙，含铁量高达4.7毫克。海带是人类摄取钙、铁的宝库，丰富的钙有利于宝宝骨骼和牙齿的发育。海带能补铁补血，吃海带有助于改善宝宝缺铁性贫血。

专家连线

1. 海带性寒，脾胃虚寒的宝宝不宜食用。

2. 吃海带后不要马上喝茶，也不要立刻吃酸涩的水果，不然会阻碍宝宝对海带中铁的吸收。

3. 干海带食用前需要用清水泡发，但如果浸泡的时间过长，会使海带中的碘和甘露醇等营养物质大量流失。

新手妈妈 学着做

把海带烧得酥烂的窍门

海带富含褐藻胶，不容易烧制出酥烂的口感。营养如此丰富的食物，给宝宝吃又怕宝宝不好消化，这大概是许多新妈妈的顾虑。其实，只要在烹制海带的时候加入一样神秘材料，就能把海带烧得口感酥烂，宝宝也会爱吃。

具体做法：在煮海带时加少许食用碱或小苏打，但不可过多，煮软后，将海带放在凉水中泡凉，清洗干净，然后捞出，或炒或拌或做汤，怎样吃口感都酥烂！

补铁
防便秘

肉末海带面

材料 猪肉末、海带丝各20克，面条50克。

调料 盐、酱油、葱末、植物油各适量。

做法

① 海带丝洗净。猪肉末加酱油、葱末拌匀。

② 锅中加水煮沸，放入面条用中火煮熟，捞出沥水。

③ 另取一锅置火上，倒植物油烧热，下入肉末用大火煸炒片刻，加适量清水、海带丝转小火同煮10分钟，再放入煮好的面条，加盐调味即可。

清热化湿

海带冬瓜汤

材料 冬瓜200克，干海带30克。

调料 盐3克，葱段10克，香油适量。

做法

① 将冬瓜洗净，去皮去瓤，切块。海带泡软洗净，切丝。

② 锅内放适量清水、冬瓜、海带煮熟，撒上葱段，放少许盐调味，淋上香油即可。

妈妈们一定要知道的事

干海带的泡发时间最多不超过6小时，以免其中的水溶性营养物质损失过多。

豆腐
蛋白质绝佳补充剂

健康关键词　☑保护肝脏　☑增强免疫力　☑解毒

谈营养说健康

　　豆腐中含有大量的蛋白质，质地柔软且容易被宝宝消化吸收，能促进宝宝生长，是宝宝的蛋白质绝佳补充剂。豆腐还含有动物性食物缺乏的卵磷脂和不饱和脂肪酸等，卵磷脂和脂肪酸都对宝宝的智力发育有益。

　　豆腐富含钙，每100克豆腐的含钙量为78～113毫克，对宝宝骨骼的发育很有益处。豆腐还能维持正常的心脏功能和血压，并预防多种癌症。

　　宝宝常吃些豆腐可以保护肝脏，促进身体代谢，增强免疫力，并且有解毒作用。

专家连线

　　1. 豆腐宜搭配鱼肉等富含维生素D的食物一起吃，可大大提高其营养价值。

　　2. 市场上出售的日本豆腐虽然质感与豆腐相似，却不含任何豆类成分，制作过程中还添加了一些食品添加剂，因此尽量不要给宝宝食用。

　　3. 经常吃豆腐可促进体内碘的排泄，容易引起碘的缺乏，可适量吃些海带、紫菜等富含碘的食物。

　　4. 一次不宜给宝宝喂食过多的豆腐，豆腐食用过多不但会阻碍宝宝对铁的吸收，还会出现腹胀、腹泻等不适症状。

新手妈妈 学着做

简单几步自制嫩滑豆腐脑

　　豆腐脑口感软嫩，很适合宝宝食用。自己做的豆腐脑干净、安全，吃得放心，而且想吃了就做，非常方便，做法也很简单！

　　具体做法：取500毫升自制的已过滤掉豆渣的热豆浆倒入大碗中，待豆浆凉到70～80℃时，加入葡萄糖酸内酯（网上有售）搅拌均匀，5分钟后即成豆腐脑。接下来妈妈们加糖或制作咸味的卤汁来给豆腐脑调味就都可以了！

促进牙齿和骨骼发育

豆腐羹

材料 豆腐、白粥各100克，青菜50克。

调料 盐、香油、生抽各少许。

做法

❶ 将白粥放到小奶锅中，加热至沸，转为小火。用勺子将豆腐捣碎，加入粥中。

❷ 将青菜洗净，剁碎，加一点点盐拌匀，将青菜加入粥中，煮沸后关火，滴上少许香油和生抽调味即可。

妈妈烹调笔记

豆腐中缺少人体必需的氨基酸——蛋氨酸，豆腐和其他肉蛋类食物搭配同食，可大大提高豆腐中蛋白质的利用率。

银鱼酱豆腐

补钙开胃

材料 豆腐100克，小银鱼30克。

调料 盐2克，酱油10克，香油少许，葱花、洋葱末各3克。

做法

❶ 豆腐切成长块，撒盐，滤水。小银鱼用开水烫一下，去盐，沥水。

❷ 将豆腐、小银鱼放入锅中，加入酱油、葱花、洋葱末和清水，用小火加热，加热时要将热汤浇在豆腐上，使其上下均匀受热，煮好后淋上香油，盛在盘中即可。

冬瓜小白菜豆腐汤

材料 小白菜、冬瓜各100克，豆腐80克，虾仁30克。

调料 盐1克，姜末、蒜末、生抽、植物油各适量。

做法

① 小白菜洗净，切小段。冬瓜去皮及瓤，洗净，切片。豆腐洗净，切厚片。虾仁洗净。

② 锅内倒油烧热，放入姜末、蒜末爆香，放入豆腐片翻炒，放入冬瓜片、生抽翻炒均匀，加适量水大火煮沸。

③ 待冬瓜片变软，加入小白菜段、虾仁煮熟，加盐调味即可。

保护肝脏

小黄花鱼豆腐汤

材料 小黄花鱼50克，豆腐30克。

调料 葱花、姜片适量，植物油适量。

做法

① 小黄花鱼去鳞、内脏，洗净。豆腐洗净后过水去豆腥味，切小块。

② 油锅烧热，爆香葱花、姜片，放入小黄花鱼略煎，加入适量清水，放入豆腐焖煮15分钟即可。

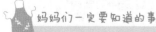 **妈妈们一定要知道的事**

小黄花鱼和豆腐都是钙含量丰富的食物，小黄花鱼豆腐汤是一道补钙的佳肴。

补钙
增强免疫力

保护视力

香椿芽拌豆腐

材料 嫩香椿芽100克，豆腐30克。

调料 香油适量。

做法

① 嫩香椿芽择洗干净，用开水焯5分钟，捞出沥干，切碎。

② 豆腐用清水冲一下，放入开水锅中煮2~3分钟捞出，沥干，切碎。

③ 将香椿芽碎和豆腐拌匀，淋上香油即可。

妈妈烹调笔记

将采摘的新鲜香椿芽捆好，根部朝下放水中浸泡24小时，捞出装进保鲜盒，放在通风凉爽的地方，这样可以保存一周。

三彩豆腐羹

材料 豆腐30克，油菜20克，南瓜50克，土豆50克。

做法

① 油菜择洗干净，焯熟，切碎。

② 南瓜洗净后去皮去瓤，切块。土豆洗净，去皮，切块，和南瓜块一起放入蒸锅蒸熟，取出后分别捣成泥。

③ 豆腐用清水冲一下，放入开水锅中煮10分钟捞出，沥水，用研磨碗压成末，放入油菜碎、南瓜泥、土豆泥拌匀即可。

润肠通便

牛奶
宝宝最好的钙来源

健康关键词　☑补充全面营养

谈营养说健康

　　牛奶富含碳水化合物、蛋白质、脂肪、钙、铁等多种营养物质。此外，牛奶中磷、钾、镁等多种矿物质的搭配也十分合理。除了不含有膳食纤维，牛奶几乎含有宝宝所需的各种营养物质。

　　牛奶中的钙含量高，是人体最好的钙来源，而且钙和磷的比例非常适当，有利于钙的吸收。

　　牛奶所含的蛋白质包括酪蛋白、少量的乳清蛋白，品质非常好，而且蛋白质与热量之比很完美，不会让宝宝在补充营养的同时摄入过多的热量。

专家连线

　　1. 煮牛奶的时候，牛奶表层会出现一层奶皮，奶皮中含有脂肪和丰富的维生素A，对宝宝的健康，尤其是眼睛的健康很有好处。

　　2. 不宜在喂给宝宝喝的牛奶中加入果汁，因为牛奶中的蛋白质遇到果汁会形成凝胶物质，很不容易消化，应该将喂果汁的时间与喂牛奶的时间隔开，一般间隔1小时就可以了。

　　3. 纯牛奶不如母乳好消化，未满周岁的宝宝消化吸收能力弱，不宜喝纯牛奶，如果没有母乳要给宝宝喂配方奶。

新手妈妈　学着做

不丢营养的牛奶加热法

　　牛奶应加热后再喂给宝宝饮用，凉牛奶容易刺激宝宝的胃黏膜，而且温热的牛奶宝宝更爱喝。加热牛奶看似简单，但如果加热方法不得当就会破坏牛奶中的营养。

　　1. 用水浸泡加热：将牛奶放入50℃左右的温水中浸泡5~10分钟即可，热水温度不宜过高。

　　2. 微波炉加热：新鲜盒装奶必须先打开口，瓶装奶要先揭掉铝盖，加热数十秒即可，但该方法不适用于无菌奶，因无菌奶的复合包装材料中有铝膜层。

促进宝宝
生长发育

蔬菜牛奶羹

材料　西蓝花50克，芥菜50克，牛奶200克。

做法

① 将西蓝花和芥菜洗净，切成小块，放入榨汁机榨成汁。

② 取洁净的奶锅一只，将牛奶和榨出来的蔬菜汁混合倒入，煮开即可。

妈妈
烹调笔记　也可以用油菜、小白菜来做这道蔬菜羹。

酸奶牛肉球

材料　牛肉馅100克、酸奶100克，洋葱50克。

调料　盐2克，植物油适量。

做法

① 洋葱切末。牛肉馅加洋葱末、1克盐搅匀，搓成圆球待用。

② 锅置火上，倒植物油烧热，放牛肉球用小火煎熟。

③ 酸奶中加1克盐拌匀，淋在牛肉球上即可。

滋养脾胃
壮骨

核桃

宝宝的"益智果"

健康关键词　☑增强记忆力　☑健胃　☑补血　☑镇咳平喘

谈营养说健康

核桃中的卵磷脂可以提高大脑活力，加快脑神经细胞之间的信息传递，增强记忆力。

核桃富含维生素B族和维生素E。维生素B族参与蛋白质、脂肪、碳水化合物的代谢，使脑细胞的兴奋和抑制处于平衡状态。维生素E可以增强记忆力，强健大脑。

核桃中含有一种对人体极为有益的物质——赖氨酸，它是人体必需的8种氨基酸之一，也是健脑的重要物质，有助于提升宝宝的智力，增强记忆力。

核桃的药用价值也较高，常吃核桃，能健胃、补血、润肺、安神、镇咳、平喘。

专家连线

1. 核桃含有较多的油脂，一次不宜让宝宝吃太多，每天吃1个核桃就足够了，以免引起消化不良，损伤脾胃。腹泻的宝宝暂时不宜吃核桃。

2. 核桃仁表面的褐色薄皮有苦味，有些妈妈会把它剥掉，这样就会损失一部分营养，所以不要剥掉这层薄皮。

3. 1岁以内的宝宝咀嚼功能还没有发育成熟，妈妈可以把核桃磨成粉状，添加到粥或配方奶中，做成核桃粥、核桃奶来给宝宝食用。

 新手妈妈　学着做

核桃去壳有窍门

核桃去壳很费劲，大家一般都是砸核桃取仁，但用这种办法很难获得完整的核桃仁，还经常会迸溅得到处都是，造成浪费。其实，要想剥出完整的核桃仁并不难！

具体做法：核桃隔水用大火蒸8分钟，取出后马上放进冷水中浸泡3~5分钟，取出后你会发现，核桃壳表面出现了一条条裂纹，只要沿着这些裂纹把壳掰开，就能取出完整的核桃仁了！

健脑益智
补钙壮骨

核桃奶酪

材料 低脂鲜奶150毫升，明胶4克，核桃2个。

做法

① 将明胶溶入50毫升的热开水中。

② 将低脂鲜奶加热至70℃。

③ 将溶好的明胶加入加热后的低脂鲜奶中搅拌均匀，静置放凉结冻。

④ 食用前将核桃切碎，放在奶酪上即可。

妈妈
烹调笔记

将核桃仁放进保鲜袋中，排出袋内空气，扎紧袋口，用擀面杖就可以轻松将其擀碎。

补脑
强身健体

核桃鸡丁

材料 鸡胸肉100克，熟核桃仁30克，西蓝花50克。

调料 枸杞子、盐、植物油各适量。

做法

① 鸡胸肉洗净，切丁，加少许盐，拌匀后腌15分钟左右。西蓝花洗净切块，与枸杞子一起用开水焯烫备用。

② 锅中加油烧热，将鸡胸肉炒熟，其余食材放入后加盐炒匀即可。

妈妈
烹调笔记

鸡丁中加入调料腌渍，炒熟后口感会很嫩，适合宝宝食用。

核桃莴笋

材料 莴笋100克，核桃仁50克。

调料 鸡汤300克，盐、香油各少许。

做法

① 莴笋去皮，洗净，切长段，挖空2/3。核桃仁炒熟，盛出碾碎。

② 锅内倒鸡汤烧开，加盐、莴笋段煮熟，捞出沥干。

③ 在莴笋段挖空处填入核桃碎，淋上香油即可。

 妈妈们一定要知道的事

这道菜能帮助宝宝补脑益智、保护视力、维护心脏健康。

健脑益智

核桃杏仁饮

材料 杏仁50克，核桃仁20克。

调料 冰糖适量。

做法

① 将核桃仁、杏仁分别洗净，捣碎。

② 将核桃仁、杏仁一同入锅，加水煮沸，转小火焖10分钟，调入冰糖即可。

 妈妈们一定要知道的事

核桃杏仁饮含有卵磷脂，能促进宝宝大脑发育，健脑益智。

补充
大脑营养

促进肠胃蠕动

核桃仁蒜薹炒肉丝

材料 蒜薹100克，猪瘦肉80克，核桃仁50克。
调料 盐、姜丝、酱油、植物油各适量。
做法

① 蒜薹洗净，切小段。猪瘦肉洗净，切丝。

② 锅内倒油烧热，炒香姜丝，倒入肉丝滑散。

③ 加入蒜薹段、酱油炒至变色，加核桃仁翻炒均匀，加盐调味即可。

妈妈们一定要知道的事

这道菜富含蛋白质、脂肪、钙、DHA、膳食纤维等，能帮助健脑益智、促进肠道蠕动、防便秘。

增强记忆力

核桃仁拌菠菜

材料 菠菜100克，核桃仁30克。
调料 香油、醋各3克，盐1克。
做法

① 菠菜洗净，放入沸水中焯一下，捞出沥干，切段。锅置火上，小火煸炒核桃仁至微黄，取出压碎。

② 将菠菜段和核桃碎放入盘中，加入盐、醋搅拌均匀，淋上香油即可。

妈妈们一定要知道的事

菠菜含有叶酸、胡萝卜素、维生素C、膳食纤维等，搭配含锌、不饱和脂肪酸的核桃，可健脑益智、助力长高、润肠通便。

红枣
味道甜美的"天然维生素丸"

健康关键词 ☑预防贫血 ☑抗过敏 ☑健脑 ☑增强免疫力

谈营养说健康

红枣有"天然维生素丸"的美誉，营养丰富，味道甜，含蛋白质、脂肪、糖类、维生素和矿物质等营养成分，是宝宝理想的保健食品。

红枣中所含的铁是人体造血所必需的成分，在预防贫血方面有优秀的表现，是预防宝宝贫血的理想食物。宝宝常吃些红枣还能增强免疫力。

红枣中富含叶酸，叶酸参与血细胞的生成，促进宝宝神经系统的发育。而且，红枣中含有微量元素锌，有利于宝宝大脑的发育，促进宝宝的智力发展。

红枣含有的环磷酸腺苷有扩张血管的作用，可增强心肌收缩力，有利于宝宝的心脏健康。

专家连线

1. 宝宝一次不宜吃过多红枣，不然会出现便秘、腹胀等不适。

2. 蜜枣含糖量高，在制作过程中损失了大量维生素，不适合给宝宝食用。

3. 宝宝服用退热药时不要食用红枣。服用退热药物的同时食用含糖量高的食物容易形成不溶性复合体，降低药物初期的吸收速度。枣属于含糖量高的食物，所以不能与退热药物同服。

新手妈妈 学着做

自制细滑去皮枣泥

给宝宝吃的枣泥一定要去净枣皮，不然宝宝不易消化。很多妈妈都说做枣泥时不好去枣皮，其实只要用对了工具和制作方法，就能轻松搞定！

具体做法：红枣洗净，用清水浸泡2小时，挖去枣核，放到锅中，加入清水没过红枣，煮熟，取一个网筛，戴上一次性手套，抓适量煮好的红枣放到网筛上用勺背碾压，把枣肉从网筛上面挤到下面，最终网筛的上面就剩下枣皮了，这时把粘在网筛下面的枣泥刮到碗里，细滑的去皮枣泥就做好了！

健脾养胃
抗过敏

红枣花卷

材料　面粉150克，红枣100克。

调料　发酵粉10克，植物油适量。

做法

❶ 面粉、发酵粉加水和成面团，发酵好后揉透搓成长条，揪成剂子，擀成长片，刷一层植物油。红枣洗净，去核。

❷ 在面片两头分别放两颗枣，卷起，入锅蒸熟即可。

妈妈
烹调笔记

红枣最好去核，以免宝宝吃的时候被卡住。

健胃止呕
宁心安神

红枣粟米羹

材料　粟米羹罐头100克，红枣20克，鸡蛋40克。

调料　水淀粉适量。

做法

❶ 红枣洗净，去核。鸡蛋洗净，磕入碗中，打散。

❷ 锅内倒水煮沸，加入粟米羹，煮沸，撇去浮沫，加入红枣略煮，淋入打散的鸡蛋液，随即加水淀粉勾芡即可。

芝麻
宝宝的天然护肤品

健康关键词 ☑补钙 ☑护肤护发 ☑调理便秘

谈营养说健康

芝麻的含钙量比蔬菜和豆类都高很多，每100克芝麻含钙量约为870毫克，对宝宝骨骼与牙齿的发育大有益处，还能预防佝偻病，纠正偏食、厌食。

芝麻具有养血的功效，能促进血液循环，维护宝宝皮肤的弹性。

常吃些芝麻对宝宝的大脑及智力发育有好处，同时也能预防并减轻宝宝的过敏症状，还能让宝宝拥有乌黑的头发。

芝麻中含有的芝麻素具有非常好的抗氧化作用，能清除体内的自由基，起到保护宝宝心脏和肝脏的作用。

专家连线

1. 吃整粒芝麻的方式不是很科学，因为芝麻仁外面有一层稍硬的膜，只有把它碾碎，其中的营养素才能被人体吸收。

2. 芝麻分为黑芝麻和白芝麻两种：白芝麻含油量高，色泽洁白，子粒饱满，种皮薄，口感好，后味香醇，食用以白芝麻为好；黑芝麻富含脂肪和蛋白质，还含有碳水化合物、维生素E、卵磷脂、钙、铁和铬等营养成分，补益用以黑芝麻为好。

新手妈妈 学着做

自制宝宝好吸收的黑芝麻糊

芝麻糊味道香浓又有营养，很适合宝宝食用，但市售的很多黑芝麻糊在加工过程中，或多或少都会加一些添加剂，而且大多是按成人的生理特点设计生产的，并不完全适合宝宝。妈妈们可以在家自制些黑芝麻糊，不但方便，而且安全又卫生！只要家里有一台带制作米糊功能的豆浆机就能轻松搞定！

具体做法：取50克糯米淘洗干净，用清水浸泡2小时，与150克炒熟的黑芝麻一同倒入豆浆机中，加入500毫升清水，按下"制作米糊"键，等上约20分钟，芝麻糊就做好了！

补虚润肠
健脑益智

蜜奶芝麻羹

材料 蜂蜜15克，牛奶100毫升，芝麻10克。

做法

① 芝麻洗净，晾干，用小火烤熟，研成细末。

② 牛奶煮沸，放入芝麻末调匀，凉至温热，调入蜂蜜即可。

妈妈
烹调笔记 牛奶煮沸后立即离火，以免加热时间过长而使营养流失。

补钙清热
通利肠胃

芝麻小白菜

材料 小白菜100克，熟白芝麻5克。

调料 盐、植物油各适量。

做法

① 小白菜择洗干净，切小段。

② 炒锅置火上烧热，倒入植物油，放入小白菜炒熟，加适量盐和白芝麻翻炒均匀即可。

妈妈
烹调笔记 小白菜急火快炒更能保留其营养。

黑芝麻木瓜粥

材料 黑芝麻5克，大米20克，木瓜30克。

做法

① 大米和黑芝麻分别除杂，洗净，大米浸泡30分钟。木瓜洗净，去皮，去籽，切小块。

② 大米放入锅中，加水煮20分钟，加入木瓜块、黑芝麻，改小火煮10分钟即可。

健脾开胃

妈妈们一定要知道的事

黑芝麻木瓜粥富含维生素C、蛋白质等，能健脾开胃、提高免疫力。

黑芝麻核桃粥

材料 黑芝麻10克，核桃仁2粒，紫米20克。

做法

① 将核桃仁洗净，切碎。紫米洗净后用水泡3小时，使其软化易煮。

② 将核桃碎、黑芝麻连同泡好的紫米一起入砂锅熬至熟烂即可。

增强大脑
记忆力

妈妈们一定要知道的事

此粥含有丰富的氨基酸和不饱和脂肪酸，有利于增强宝宝脑神经功能。

第五章

聪明宝宝
功能食谱
配餐科学身体棒

聪明宝宝
不能缺少的营养素

蛋白质	
功能解析	增强免疫力，有助于宝宝身体新组织的生长和受损细胞的修复，促进新陈代谢，为身体补充热量
食物来源	富含蛋白质的食物有牛奶、畜肉（牛肉、羊肉、猪肉）、禽肉（鸡肉、鸭肉、鹅肉、鹌鹑肉）、蛋（鸡蛋、鸭蛋、鹌鹑蛋）、水产品（鱼、虾、蟹）、豆类（黄豆、青豆、黑豆）等。此外，芝麻、瓜子、核桃、杏仁、松子等坚果类蛋白质的含量也较高
缺乏表现	生长发育迟缓，体重减轻，身材矮小，容易疲劳，抵抗力降低，贫血，病后康复缓慢，智力低下

脂肪	
功能解析	为宝宝身体提供热量，供应皮肤生长所需的脂肪酸，维持正常体温，受外力冲击时保护内脏；促进维生素A、维生素D、维生素E、维生素K等脂溶性维生素的吸收；间接帮助宝宝的身体组织运用钙，有助于宝宝牙齿和骨骼的发育
食物来源	猪肉、禽蛋、鱼、奶油、乳酪、芝麻、花生、葵花子、玉米、食用油等都是脂肪含量丰富的食物
缺乏表现	免疫力低下，容易感冒；精力不足，记忆力不强；视力较差；经常感到口渴，出汗较多，皮肤干燥，头发干枯，头皮屑多，甚至患上湿疹；极度缺乏时体重不增加，身体消瘦，生长相对缓慢

碳水化合物

功能解析	能为宝宝的身体提供能量，是最主要也是最经济的能量来源。宝宝的神经、肌肉、四肢及内脏等的发育与活动都必须得到碳水化合物的大力支持
食物来源	碳水化合物含量最高的食物是谷类和薯类。面粉、大米、糙米、坚果、蔬菜（胡萝卜、红薯）、水果（甘蔗、甜瓜、西瓜、香蕉、葡萄）等，这些都是碳水化合物很好的食物来源
缺乏表现	精神不振，头晕，全身无力，疲乏，血糖降低，脑功能障碍；体温下降，畏寒怕冷；生长发育迟缓，体重减轻；伴有便秘的症状

维生素A

功能解析	增强免疫力；维持神经系统的正常生理功能；维持正常视力，降低夜盲症的发病率；促进牙齿和骨骼的正常生长；修补受损组织，使皮肤表面光滑柔软，有助于血液的形成；促进蛋白质的消化和分解
食物来源	猪肝、鸡肝等动物肝脏，鱿鱼、鳝鱼等海产品，还有鱼肝油、蛋类、牛奶等
缺乏表现	食欲降低，生长迟缓；皮肤粗糙、干涩，浑身起小疙瘩，好似鸡皮；牙齿和骨骼软化；头发干枯、稀疏且没有光泽；眼睛干涩，夜间视力减退；指甲变脆，形状改变

维生素B族

功能解析	能提高宝宝的智力，维持正常的食欲，有助于防止宝宝因晕车、晕船或晕飞机而发生呕吐，帮助消化，保持神经系统、肌肉和心脏的正常功能
食物来源	糙米、小米、绿叶蔬菜、豆类、牛奶、瘦肉、动物肝脏、鱼肉、酵母、蛋黄、坚果、香蕉等
缺乏表现	容易疲劳，烦躁易怒，情绪不稳定；胃口不好，消化不良，有时会吐奶；口腔黏膜溃疡，嘴角破裂且疼痛，舌头发红疼痛；精神不振，食欲下降；毛发稀黄，容易脱落

维生素C

功能解析	增强免疫力；促进骨胶原的生物合成，利于伤口更快愈合；能对抗坏血病，并能减轻感冒症状；帮助宝宝更好地吸收铁、钙及叶酸
食物来源	维生素C广泛存在于新鲜水果和蔬菜中。另外，发芽的豆子也富含维生素C，如绿豆芽、黄豆芽、豌豆苗等
缺乏表现	容易感冒；身体虚弱，面色苍白；体重减轻，食欲缺乏，消化不良；有出血倾向，如牙龈肿胀出血、鼻出血等，伤口不易愈合

钙

功能解析	维持神经、肌肉的正常兴奋；维持正常的血压；是构成牙齿、骨骼的主要成分，能预防骨质疏松症和骨折；可调节心律，控制炎症和水肿；能调节人体的激素水平
食物来源	食物中的钙有30%来自蔬菜，如小白菜、西蓝花等，但蔬菜中的钙较难被吸收；20%的钙来自容易吸收的奶及奶制品，如牛奶、奶酪等；剩下的50%的钙来自水产类、豆类及其制品、蛋类、坚果类食品，如豆腐、小鱼干、紫菜、黑芝麻、花生等
缺乏表现	神经紧张，脾气暴躁，烦躁不安；多汗，尤其是入睡后头部出汗；轻度缺乏时会表现为关节痛、蛀牙、发育不良

铁

功能解析	制造血红素；将氧气输送到人体的每一部分，供人体呼吸氧化；促进宝宝生长发育，提高免疫力；预防缺铁性贫血
食物来源	动物内脏、瘦肉、鸡肉、蛋黄、虾、海带、紫菜、蛤蜊肉、红枣、红糖及菠菜等绿叶蔬菜都是铁的不错食物来源。
缺乏表现	疲乏无力，面色苍白；好动，易怒，兴奋，烦躁；易患缺铁性贫血；皮肤干燥、角化，指甲易碎；毛发无光泽、易脱落、易折断

锌

功能解析	促进宝宝生长发育，促进宝宝的智力发育，促进宝宝正常的性发育，维持宝宝正常的味觉及食欲，促进伤口的愈合，提高免疫力
食物来源	动物性食物的含锌量比植物性食物的含锌量更高。牛肉、猪肉、猪肝、禽肉、鱼、虾、海带、牡蛎、蛏子、扇贝、香菇、口蘑、银耳、黄花菜、花生、核桃、栗子、豆类等食物中都含有锌
缺乏表现	生长发育缓慢，身材矮小，性发育迟滞；免疫力降低，伤口愈合缓慢；容易紧张、疲倦，警觉性降低；食欲差，有异食癖；指甲上有白斑，指甲、头发无光泽、易断

维生素E

功能解析	促进宝宝牙齿健全，有利于宝宝骨骼的发育；促进宝宝对磷和钙的吸收；降低缺血性心脏病的发病率
食物来源	维生素E的主要来源为植物油，如大豆油、麦胚油、玉米油、芝麻油等。花生仁、核桃仁、葵花子、南瓜子、榛子、松子等坚果中维生素E的含量也很丰富。动物性食物中蛋黄的维生素E含量最高，畜肉、鸡肉、鳝鱼、鱿鱼、牛奶、猪肝等食物中的维生素E含量也很丰富
缺乏表现	生长迟缓，皮肤粗糙、干燥、缺少光泽、容易脱屑，易诱发轻度溶血性贫血

钾

功能解析	有助于维持神经健康，协助肌肉正常收缩；参与细胞内蛋白质和糖的代谢；和钠一起作用，维持人体内的水平衡和心律的正常；可帮助输送氧气到脑部，提高思路的清晰度
食物来源	畜肉、禽肉、鱼类、各种蔬菜及水果都是钾元素的良好来源。钾含量比较丰富的食物有柑橘类水果、香蕉、香瓜、番茄、芹菜、葵花子、土豆等
缺乏表现	肌肉软弱无力、麻木；体力减弱，容易疲劳，反应迟钝；易怒，烦躁；心跳加速，心跳不规律，心电图异常

补锌食谱

补锌"明星"食材大盘点
每100克可食部分含锌量（单位：毫克）

牡蛎	青鱼	猪瘦肉	猪肝	鸡蛋	螃蟹	花生	核桃	杏仁	芝麻
9.4	1.0	3.0	3.7	0.9	4.3	1.8	2.2	4.3	4.2

哪些宝宝容易缺锌

1. 早产儿：如果宝宝不能在母体内孕育足够的时间而提前出生，就容易错过在母体内储备锌元素的黄金时间（一般是在孕末期的最后1个月）。

2. 非母乳喂养的宝宝：母乳中含锌量大大超过普通配方奶，更重要的是，母乳中锌的吸收率高达42%，这是任何非母乳食品都不能比的。

3. 过分偏食的宝宝：有些宝宝从小拒绝吃任何肉类、蛋类、奶类及其制品，这样非常容易缺锌。

4. 过分好动的宝宝：不少宝宝，尤其是男宝宝，过分好动，经常出汗，甚至大汗淋漓，而出汗也是人体排锌的渠道之一。宝宝如果一整天都大汗淋漓，可从汗水中丢失1.3毫克锌。

动物性食品含锌量高

每100克动物性食品中含3~5毫克锌，并且动物性食品中的蛋白质分解后产生的氨基酸还能促进锌的吸收。植物性食品中含有的锌较少，每100克植物性食品中大约含1毫克锌。各种植物性食物中含锌量比较高的有豆类、花生、小米、萝卜、大白菜等。

钙与铁可促进锌的吸收

锌必须在与其他营养素达到平衡状态时才能发挥它在人体中的作用。单纯补锌，不仅难以被人体吸收和发挥功效，还会破坏内环境平衡，对人体造成危害。补锌的同时，再补充钙与铁两种营养素，可促进锌的吸收与利用，因为这三种元素可协同作用。

补锌食谱推荐

牡蛎南瓜羹

材料　南瓜200克，鲜牡蛎100克。

调料　盐、葱丝各适量。

做法

❶ 南瓜去皮、瓤，洗净，切成细丝。牡蛎洗净，取肉。

❷ 汤锅置火上，加入适量清水，放入南瓜丝、牡蛎肉、葱丝，加入盐调味，大火烧沸后改小火煮，盖上盖熬至呈羹状关火即可。

健脑补血
助消化

番茄鳜鱼泥

材料　番茄50克，鳜鱼150克。

调料　盐2克，葱花3克，植物油适量。

做法

❶ 番茄洗净，放沸水中烫一下，去皮，切块。鳜鱼洗净，去除内脏、骨和刺，剁成泥。

❷ 锅置火上，倒植物油烧热，放入番茄煸炒。

❸ 加适量清水煮沸，加入鳜鱼泥一起烧炖，加盐调味，撒上葱花即可。

妈妈们一定要知道的事

鳜鱼肉非常适合饮食不香、营养不良的宝宝食用。

补气血
益脾胃

补血健脾

红枣核桃花生八宝粥

材料 糯米30克，薏米、花生仁、莲子、红豆、核桃仁各10克，水发银耳15克，红枣2颗。

做法

① 将糯米洗净，浸泡2小时。将薏米、红豆、莲子洗净，浸泡4小时。

② 锅中加适量水煮开，放入薏米、红豆、莲子煮开，加盖小火煮30分钟，放入糯米、花生仁、红枣、核桃仁、水发银耳，用勺子搅匀，大火煮开，加盖改小火煮熟即可。

补锌健脑

香油姜末炒鸡蛋

材料 鸡蛋20克，生姜3克。

调料 香油少许。

做法

① 将鸡蛋在碗里打散。

② 生姜切薄片，再切成碎末。

③ 锅中倒少许香油，稍微加热，下入姜末略煸，然后倒入鸡蛋，炒匀炒熟即可出锅。

百合干贝蘑菇汤

材料　百合10克，干贝20克，鲜香菇100克。

调料　葱花少许，盐1克，植物油适量。

做法

❶ 干贝、百合清水洗净，浸泡30分钟，干贝去黑线。香菇洗净切块，焯水。

❷ 锅内倒油烧热，放入葱花爆香，放入香菇块翻炒，倒入泡好的百合、干贝及水，大火煮沸，加盐调味即可。

壮骨增高

 妈妈们一定要知道的事

香菇含较丰富的维生素D，搭配锌、蛋白质含量丰富的干贝，有助于促进骨骼生长。

黄瓜腰果炒牛肉

材料　牛肉100克，腰果20克，黄瓜丁80克，洋葱丁30克。

调料　酱油、姜汁、蒜末各适量，盐1克，植物油适量。

做法

❶ 牛肉洗净，切丁，加酱油、姜汁腌渍30分钟。

❷ 锅内倒油烧热，炒香蒜末，放入牛肉丁翻炒，放入洋葱丁、黄瓜丁煸炒，倒入腰果，加盐调味即可。

预防贫血

妈妈们一定要知道的事

这道菜含有锌、铁、优质蛋白质，可以促进骨骼生长，预防贫血。

补钙食谱

补钙"明星"食材大盘点
每100克可食部分含钙量（单位：毫克）

鲑鱼松	虾皮	奶粉	虾米	北豆腐	奶酪	海带	基围虾	紫菜	牛奶
257	991	998	555	105	799	241	83	264	90

镁可促进钙的吸收

钙与镁如同一对好搭档，当两者的比例为2：1时，最利于钙的吸收与利用。遗憾的是，妈妈们往往注重补钙，却忘了给宝宝补镁，导致宝宝体内镁元素不足，进而影响钙的吸收。镁在坚果（杏仁、腰果和花生等）、黄豆、瓜子、谷物（特别是小米和大麦）、海产品（金枪鱼、青鱼、小虾、龙虾等）中的量较多。

蛋白质摄入过量会"排挤"钙

大鱼大肉富含蛋白质，如果经常给宝宝吃大鱼大肉，会影响宝宝对钙的吸收。妈妈们可以遵照《中国居民膳食指南（2022）》给宝宝制订食谱，10~12月龄的婴儿应保证每天喝600毫升的奶，吃1个鸡蛋，以及25~75克的畜、禽、鱼肉；13~24月龄的宝宝每天的奶量应维持在500毫升，每天吃1个鸡蛋，以及50~75克畜、禽、鱼肉。

常晒太阳无须额外补充维生素D

有些妈妈为了促进钙的吸收，额外给宝宝补充维生素D，其实没有必要，因为宝宝自身含有的维生素D是足够的，但要经过日晒才能转化为利于钙合成的活化维生素D，沐浴阳光所合成的活化维生素D，足以满足宝宝身体数日的需求，所以要每天抽出一小段时间带宝宝进行户外活动，这样既保证了日晒，又进行了锻炼，而且运动本身也能够增加钙的吸收。

虾皮丝瓜汤

材料 丝瓜100克，虾皮10克，紫菜5克。

调料 盐2克，香油、植物油各少许。

做法

① 丝瓜去皮洗净，切成片。

② 锅置火上，放植物油烧热后倒入丝瓜片煸炒，加适量盐、水，煮沸后加入虾皮、紫菜，小火煮2分钟左右，滴入香油，盛入碗内即可。

理气开胃
解毒通便

妈妈
烹调笔记

丝瓜汁水丰富，宜现切现做，以免营养成分随汁水流走。

海米冬瓜

材料 冬瓜150克，海米15克。

调料 盐2克，葱末3克，水淀粉10克，植物油适量。

做法

① 将冬瓜去皮、瓤、子，洗净，切成片。将海米用温水泡发。

② 锅内倒植物油烧热，炒香葱末，加适量水、海米和冬瓜片大火烧开，转小火焖烧至冬瓜熟透，加盐，用水淀粉勾芡，炒匀即可。

清热祛湿
壮骨

妈妈
烹调笔记

海米泡发前先用清水冲洗一下，然后放入温水中浸泡至软即可。

助力成长
健脑

海鲜炖豆腐

材料 鲜虾仁100克，鱼肉片50克，嫩豆腐
200克，青菜心100克。

调料 植物油、盐、葱末各适量。

做法

① 将虾仁、鱼肉片洗净。青菜心洗净，切段。
嫩豆腐洗净，切成小块。

② 锅置火上，放入植物油烧热，下葱末爆
香，再下入青菜心稍炒，放入虾仁、鱼肉
片、豆腐，加适量清水稍炖一会儿，加入
盐调味即可。

清肺火
消积食

玛瑙豆腐

材料 嫩豆腐200克，咸鸭蛋1个。

调料 香油适量。

做法

① 嫩豆腐洗净，放入沸水锅中稍烫一下后捞
出，沥干水分，装入盘内。

② 咸鸭蛋放入锅内，煮熟后剥去蛋壳，用刀
切成粗末。

③ 将鸭蛋末放在豆腐上面，然后加香油，拌
匀即可。

妈妈
烹调笔记

做这道菜用了1个咸鸭蛋，因此可以
不加盐。

核桃花生牛奶羹

材料 核桃仁、花生米各50克，牛奶50毫升。

做法

① 将核桃仁、花生米炒熟，研碎。

② 锅置火上，倒入牛奶大火煮沸后，下入核桃碎、花生碎，稍煮1分钟即可。

增强记忆
滋润皮肤

妈妈烹调笔记

将熟核桃仁和花生米装入保鲜袋中，排出袋中的空气，扎紧袋口，用擀面杖就可以轻松擀碎。

海带炖肉

材料 瘦肉200克，水发海带200克。

调料 酱油、盐、葱段、植物油各适量。

做法

① 将瘦肉洗净，切成小块。

② 海带洗净，用开水煮10分钟后捞出，切成小块。

③ 锅置火上，倒入植物油烧热，放入瘦肉块、葱段煸炒出香味，加酱油、盐略炒。

④ 加水（以浸过肉为度），大火烧开，转小火炖至八成烂，加海带同炖10分钟左右，待肉熟、海带入味即可。

调理
缺铁性贫血

补铁食谱

干枣	猪肝	瘦牛肉	鸡蛋黄	鸭血	黄豆及其制品	芝麻酱	菠菜	木耳（干）	香菜
2.3	23.2	2.3	6.5	30.5	8.3	50.3	66	97.4	22.3

含铁食物要与含维生素C的食物同吃

动物心脏、动物肝脏、动物肾脏、瘦肉、鸡肉、蛋黄、黑鲤鱼、虾、海带、紫菜、蛤蜊肉、南瓜子、芝麻、红枣、木耳、红糖、扁豆、黄豆及菠菜等绿叶蔬菜都是铁的不错食物来源。其中，肉类及猪肝内的铁较易被吸收，蔬菜中的铁较难被吸收，但动、植物食品混合吃，铁的吸收率可以增加1倍，因为植物食品含有维生素C，能促进铁的吸收。

妈妈们还要注意，在给宝宝纠正贫血的过程中，切不可为了给宝宝增加营养而过多地让其饮用牛奶，因为牛奶含磷量较高，会影响铁在体内的吸收，加重贫血症状。

远离含草酸食物

虽然菠菜中含铁量较高，但其所含的铁很难被小肠吸收，而且菠菜中还含有一种叫草酸的物质，很容易与铁作用形成沉淀，使铁不能被人体利用，从而失去补血的作用。菠菜中的草酸还易与钙结合成不易溶解的草酸钙，影响宝宝对钙的吸收。如果无法避免使用菠菜，在烹制时提前用水焯烫一下可去除大部分的草酸，尽可能与海带、水果等碱性食物一同食用，以促使草酸钙溶解排出，防止结石形成。

给宝宝补血最好选择富含铁的动物性食物，如瘦肉、动物血、动物肝脏等。

除了菠菜，其他含有草酸的常见食物有苋菜、空心菜、芥菜、韭菜、竹笋、橘子、番茄、芦笋、油菜、草莓、核桃、杏仁、腰果等。

青椒木耳炒鸡蛋

材料 鸡蛋1个，柿子椒（青椒）、水发木耳各50克。

调料 生抽2克，葱末、姜末、蒜末、盐、植物油各适量。

做法

① 鸡蛋打散，加盐搅匀成蛋液，炒熟，盛出。柿子椒洗净，去蒂及籽，切丝。水发木耳洗净，撕小朵，焯水。

② 锅内倒油烧热，放葱末、姜末、蒜末爆香，放入木耳、柿子椒丝翻炒，再加入鸡蛋、生抽炒匀，加盐调味即可。

预防缺铁性贫血

红枣蒸南瓜

材料 南瓜150克，红枣20克。

调料 白糖适量。

做法

① 南瓜去皮，去瓤，切成厚薄均匀的片。红枣泡发，洗净。将南瓜片装入盘中，加入白糖拌匀，摆上红枣。

② 蒸锅上火，放入南瓜片和红枣，蒸约30分钟，至南瓜熟烂即可。

妈妈们一定要知道的事

红枣可以健脾养血，南瓜也可健脾，帮助宝宝肠胃蠕动，促进消化。

健脾养胃

养肝明目

蛋皮如意肝卷

材料　鸡蛋皮30克，鲜猪肝泥20克。

调料　葱姜水、盐、水淀粉、香油、植物油各适量。

做法

❶ 炒锅中倒入植物油烧热，放入肝泥煸炒，并加入葱姜水、盐炒透入味，放适量水淀粉勾芡，加香油略炒一会儿盛出。

❷ 用水淀粉将鸡蛋皮抹匀，将炒好的肝泥倒在上面抹匀，然后从一边向中间卷，用水淀粉黏合相接处，合口朝下码入屉盘，蒸5分钟，出锅切成小段食用即可。

补脾益气

麻酱鸡丝

材料　去骨鸡胸肉35克，黄瓜、胡萝卜各10克。

调料　芝麻酱5克，盐适量。

做法

❶ 去骨鸡胸肉洗净，煮熟，撕成小细丝。

❷ 黄瓜与胡萝卜洗净，切成细丝，焯熟备用。

❸ 芝麻酱中加少许凉白开调匀，再加盐拌匀。

❹ 将调好的芝麻酱倒在鸡丝、黄瓜丝、胡萝卜丝上拌匀即可。

妈妈烹调笔记　也可以加少许香油来调匀芝麻酱。

豌豆蛋黄泥

材料 豌豆100克，鸡蛋1个，大米50克。

做法

① 豌豆去豆荚，用搅拌机打成浆，或用刀剁成蓉。鸡蛋煮熟，取出蛋黄，压成泥。

② 大米洗净，浸泡2小时左右，连水一同放入锅中，倒入豆蓉煮至呈糊状，拌入蛋黄泥焖5分钟即可。

健脾胃
健脑益智

妈妈
烹调笔记

炒菜时可加入少许豌豆，能增加菜肴的色彩，促进宝宝食欲。

菠菜猪血汤

材料 菠菜30克，猪血80克。

调料 盐2克，植物油各少许。

做法

① 菠菜洗净，用热水焯一下，切段。猪血洗净，切块，焯水。

② 锅置火上，放植物油烧热，下入波菜略炒，再放入猪血翻炒，加水大火煮开，再转小火焖煮一会儿，加盐调味即可。

养血补血

妈妈
烹调笔记

猪血要烧至完全熟透后才能给宝宝吃，用筷子夹开没有血水渗出就是熟透了。

增强免疫力食谱

增强免疫力"明星"食材大盘点

| 猕猴桃 | 橙子 | 香菇 | 西蓝花 | 圆白菜 | 胡萝卜 | 红薯 | 海参 | 花生 | 牛奶 |

宝宝免疫力低下的表现

1. 很容易感冒，天气稍微变冷、变凉，来不及加衣服就打喷嚏，而且感冒后要过好长一段时间才能痊愈。

2. 伤口容易感染，身体哪个部位不小心被划伤后，几天之内伤口就会红肿，甚至流脓。

3. 宝宝长得不壮，容易过敏，对环境的适应能力较差，尤其是在换季的时候。

4. 宝宝长得不快，智力发育水平低，反应慢。

5. 宝宝长得不高，个子较矮，身体发育有些迟缓。

增强宝宝免疫力的科学方法

食物中特定的营养成分对构筑宝宝的免疫系统起着至关重要的作用。选择什么样的食物取决于宝宝所处的阶段。喝母乳时，母乳是宝宝最好的营养食品；在添加辅食阶段，母乳和辅食都是宝宝的营养食品；宝宝1岁以后，多样的食物是宝宝最合适的选择。需要提醒妈妈们的是，摄入充足的水分能增强身体代谢，有助于提高宝宝的免疫力。宝宝偏食，营养不均衡也会使免疫力下降。给宝宝吃的食物种类一定要丰富多样，如肉、蛋、新鲜蔬菜水果等，少吃各种油炸、熏烤、过甜的食物。

此外，运动和锻炼也是增强宝宝免疫力的良好途径。无论处在哪个年龄段，无论在什么季节，都应该鼓励宝宝多参加运动，增强体质。锻炼身体可以加快宝宝的新陈代谢，提高宝宝的食欲，并有助于宝宝休息恢复。

另外，充足的睡眠时间、和睦的家庭氛围、不随便使用抗生素，都对提高宝宝的免疫力大有裨益。

香菇疙瘩汤

材料 面粉50克，香菇丁50克，鸡蛋1个，虾仁、菠菜各20克。

调料 盐3克，高汤500克，香油少许。

做法

① 虾仁去虾线，洗净切碎。鸡蛋取蛋清，与面粉、适量清水和成面团，揉匀，擀成薄片，切成小丁，撒上少许面粉，搓成小球。蛋黄打成蛋液。菠菜洗净，焯水，切段。

② 锅中放高汤、虾仁碎、面球煮熟，加蛋黄液、盐、香菇丁、菠菜段煮熟，最后淋香油即可。

养脾胃
抗病毒

胡萝卜汤

材料 胡萝卜50克。

做法

① 将胡萝卜洗净，切碎，放入锅内，加入水，上火煮沸约20分钟。

② 用纱布过滤去渣即可饮用。

促进宝宝
骨骼发育

妈妈
烹调笔记

要选用新鲜的胡萝卜做原料，操作时要切碎、煮烂，去渣要彻底。此菜汤尤其适合4~5个月的婴儿食用。

鲜橙泥

材料 橙子1个。

做法

❶ 将橙子横向一切为二，然后将剖面覆盖在玻璃挤橙器上旋转，使橙汁流入下面的缸内。

❷ 加一些温开水，调稀些即可喂给宝宝。

妈妈烹调笔记　这道鲜橙泥宜现做现吃，做完放置时间过长会大大降低维生素C的含量。

海参蛋汤

材料 海参150克，红枣20克，鹌鹑蛋6个。
调料 盐2克。

做法

❶ 海参预先用水发透，去内脏、内壁膜，用水洗净，切块。鹌鹑蛋煮熟，捞出过凉，剥壳。红枣用清水洗干净，去核。

❷ 将以上所有食材放入瓦煲中，加入适量清水，中火煲1小时，加入少许盐调味即可。

妈妈们一定要知道的事

海参营养丰富，肉质细嫩，易于消化，非常适合体质虚弱的宝宝食用。

肉末蒸圆白菜

材料 猪肉末100克，圆白菜叶50克。

调料 酱油、盐、葱末、植物油各适量。

做法

1. 将圆白菜用开水焯烫一下捞出，晾凉，将菜叶平铺在砧板上。

2. 锅置火上，倒植物油烧至三成热，下入肉末煸炒至断生，加入盐、葱末、酱油翻炒几下。

3. 将炒好的肉末倒在圆白菜叶上卷好，放蒸锅中蒸，上汽后继续蒸3分钟即可。

补血
润燥

红薯酸奶

材料 红薯100克，原味酸奶40克。

做法

1. 将红薯去皮，在清水中略泡。

2. 将红薯放入蒸锅中蒸熟。

3. 将熟红薯取出，趁热碾成红薯泥。

4. 在小碗或盘中倒上原味酸奶，放入晾凉的红薯泥即可。

预防便秘
提高注意力

妈妈
烹调笔记

酸奶应提前从冰箱中取出放至常温，否则易致上腹部不适。

益气补血食谱

红枣　桂圆　花生　黑芝麻　山药　瘦牛肉　糯米　小米　枸杞子　莲藕

少吃会耗气的食物

要注意给宝宝多吃些可益气的食物，像生萝卜、空心菜等有耗气之弊的食物尽量少吃。

另外，不宜让宝宝做剧烈运动以防耗气，可以进行散步、慢跑等柔缓偏于静养的运动，并持之以恒。

越细碎的食物越补气血

营养学里有一种叫"要素饮食"的饮食类型，是将各种营养食物打成粉，这样进入消化道后，即使在没有消化液的情况下，营养也能被直接吸收，在给不能吃饭的重症病人配鼻饲营养液时经常用到。由此看来，消化、吸收与食物的形态有很大关系，液态、糊状的食物因分子结构小更容易被消化吸收。

想想喂养宝宝的整个过程，也是这个道理。宝宝出生时喝母乳、配方奶等液态食物，不需要任何帮助，其中的营养物质就能直接被吸收进入血液。宝宝4个月后，添加了稀饭、烂面条、肉泥、鱼泥、菜泥，其中的营养素同样在进入消化道后被顺利地吸收进入血液。

所以，给形体消瘦、面色暗淡的宝宝做的食物不但要有营养，还要是糊状的、稀烂的、切碎的，这样能很快帮助宝宝恢复健康，找回好气色。

豆豉牛肉

材料 牛肉150克，豆豉15克，鸡汤30克。
调料 酱油5克，植物油适量。
做法

① 牛肉洗净，切成碎末。豆豉用匙压烂，加入少许水拌匀。

② 锅置火上，放油烧热，下入牛肉末煸炒片刻，再下入碎豆豉、鸡汤和酱油，搅拌均匀即可。

滋养脾胃
强筋壮骨

妈妈烹调笔记 豆豉有咸味，可以不另外加盐。酱油也是咸的，应少加或不加。

桂圆红枣豆浆

材料 黄豆60克，桂圆15克，红枣50克。
做法

① 黄豆用清水浸泡8～12小时，洗净。桂圆去壳、核。红枣洗净，去核，切碎。

② 把上述食材一同倒入全自动豆浆机中，加水至上、下水位线之间，按下"豆浆"键，煮至豆浆机提示豆浆做好即可。

益心脾
补气血

妈妈烹调笔记 也可以加入一些熟花生仁和芝麻，打出的豆浆会有浓郁香味。

补中益气

山药豆腐

材料 山药100克，豆腐200克，番茄15克。

调料 姜末、香菜末、白芝麻、盐、香油、
植物油各适量。

做法

❶ 山药去皮，洗净，切块。番茄去皮，切
丁。豆腐切块。

❷ 锅中放油烧热，放入山药块，翻炒至表面
变透明，加没过山药的水，烧开后放入豆
腐块、番茄丁、白芝麻、姜末，再次烧开
后加盐，转小火炖10分钟，淋上香油，撒
上香菜末即可。

滋阴润燥

雪梨藕粉糊

材料 雪梨25克，藕粉30克。

做法

❶ 藕粉用水调匀。雪梨去皮、核，剁成泥。

❷ 将藕粉糊倒入锅中，小火慢慢熬煮，边熬
边搅动，熬至透明，倒入梨泥搅匀即可。

妈妈们一定要知道的事

藕粉可清热生津，有一定健脾止泻作用，能增
进食欲，促进消化，开胃健脾；雪梨滋阴润
肺，可调理咳喘。

荷香小米蒸红薯

材料 小米80克，红薯250克，荷叶5克。

做法

1. 红薯去皮，洗净，切条。小米洗净，浸泡1小时，捞出。荷叶洗净，铺在蒸屉上。

2. 将红薯条在小米中滚一下，沾满小米，排入蒸笼中，盖上蒸盖，蒸笼上汽后，蒸30分钟即可。

妈妈们一定要知道的事

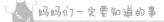

小米、红薯可健脾益胃，预防宝宝便秘。

健脾养胃
防便秘

菠菜牛肉羹

材料 牛肉150克，菠菜60克。

调料 盐2克，牛骨高汤100毫升，水淀粉、酱油各适量。

做法

1. 菠菜洗净，焯水，切碎。牛肉洗净，切成末，加盐、酱油搅拌均匀。

2. 锅中倒入牛骨高汤，下入牛肉末煮开后再煮3分钟，放入菠菜段煮至汤沸，加盐调味，用水淀粉勾薄芡即可。

妈妈们一定要知道的事

这道菜含有锌、铁、优质蛋白质，可以促进骨骼生长，预防贫血。

预防贫血

健脑益智食谱

远离含铅、含铝食物

铅是宝宝的健康"杀手"。当宝宝体内的血铅浓度达到15微克/100毫升时，就会引起发育迟缓和智力减退，而且年龄越小神经受损越重。含铅食品主要有爆米花、松花蛋、罐装食品或饮料等。铅中毒的症状是食欲缺乏、动作过多、兴奋、睡眠差、尿频遗尿、脾气急躁、喜怒无常、精神不易集中、听觉和语言表达能力差、学习能力欠佳等。

油条、粉丝、凉粉、油饼等食品中的铝含量很高，如果经常给宝宝吃这些食物，就会造成铝摄入过多，从而影响脑细胞功能，导致记忆力下降，思维迟缓。因此，尽量不用铝锅、铝壶等厨具。

少吃太咸或太甜的食物

长期吃太咸的食物，不仅会引起高血压、动脉硬化等疾病，还会损伤动脉血管，影响脑组织的血液供应，使脑细胞长期处于缺血、缺氧状态，导致智力低下，记忆力下降。

如果宝宝喜爱甜食，要当心宝宝吃太多甜食导致大脑"变笨"。吃过多太甜的食物会干扰大脑思考和产生情绪的过程，而且长期高糖饮食，会让人反应变慢，记忆力、学习能力变差。因此，建议宝宝远离甜点、碳酸饮料等高糖食品。

吃得过饱容易"变笨"

吃得过饱，会导致大脑的血流量降低。人在进食后，要通过胃肠道的蠕动和胃液的分泌来消化吸收，如果一次性摄取过多食物，吃得过饱，容易导致肠胃的血流量增加，大脑血流量减少，宝宝反应变慢，产生"变笨"的现象。

胡萝卜拌莴笋

材料 胡萝卜50克，莴笋100克。

调料 盐2克，香油少许。

做法

① 胡萝卜洗净，去皮，切小菱形片。莴笋洗净，去皮，切菱形片。

② 锅内加水烧沸，放入胡萝卜片和莴笋片焯熟，捞出沥干水分。

③ 将胡萝卜片和莴笋片放入碗中，加盐、香油拌匀即可。

增进食欲
促进消化

花生大米粥

材料 带衣花生米30克，大米50克。

做法

① 将花生米捣烂，大米淘洗干净。

② 将花生碎和大米放入锅中，大火煮开，转小火熬煮至粥熟即可。

健脾开胃
增强记忆力

妈妈烹调笔记

花生米也可以换成黑芝麻或核桃仁，煮出的粥同样好喝，对宝宝的智力发育也很有益处。

番茄肝末汤

材料 猪肝、番茄各100克，洋葱20克。

调料 盐2克。

做法

❶ 将猪肝洗净剁碎。番茄用开水烫一下，去皮，切末。洋葱剥皮，洗净，切碎备用。

❷ 将猪肝碎、洋葱碎同时放入锅内，加水煮开，最后加入番茄末、盐煮熟即可。

 如果宝宝喜欢酸的味道更浓一些，可以在汤中加适量番茄酱调味。

芝麻核桃露

材料 去皮核桃仁200克，白芝麻、糯米粉各50克。

做法

❶ 核桃仁炒熟，碾碎。白芝麻挑去杂质，炒熟，碾碎。糯米粉加适量清水调成糯米糊。

❷ 将碾碎的芝麻和核桃仁倒入汤锅内，加适量水烧开，改为小火，把糯米糊慢慢淋入锅内，煮至浓稠即可。

 妈妈们一定要知道的事

调糯米糊时清水要一点点地加入，这样调出的糯米糊细腻，没有结块。

黄豆鱼蓉粥

材料 黄豆60克，青鱼80克，白粥1小碗。

调料 盐少许。

做法

❶ 将黄豆洗净，加水煮至熟烂。青鱼去皮，切成小片。

❷ 待锅中白粥煮开，放入黄豆粒煮至熟透。

❸ 下入鱼片，开大火煮1分钟，加盐调味即可。

让宝宝头脑更聪明

黄豆最好煮至能用手指轻轻捏碎的程度，这样更易于宝宝消化。

苹果酸奶饮

材料 苹果300克，酸奶300克。

调料 蜂蜜适量。

做法

❶ 苹果洗净，去皮、核，切小块。

❷ 将苹果、酸奶放入榨汁机中搅打，打好后调入蜂蜜即可。

提高记忆力提高免疫力

喝完酸奶后一定要让宝宝漱口，否则酸奶中的酸性物质及乳酸菌会影响宝宝牙齿的健康。

明目护眼食谱

明目护眼"明星"食材大盘点

 动物肝脏   胡萝卜   番茄   鸡蛋   牛奶   枸杞子   牡蛎   鳕鱼   荸荠

对眼睛有益的营养素

★ 维生素A

维生素A的最好来源是各种动物的肝脏、鱼肝油、奶类和蛋类，维生素A能维持眼角膜正常，不使眼角膜干燥和退化，增强在黑暗中看东西的能力。

★ 胡萝卜素

含胡萝卜素多的食物，比如胡萝卜、南瓜、青豆、番茄等，最好用油炒熟了吃或凉拌时加点熟油吃，这样有助于胡萝卜素在人体内转变成维生素A。

★ 维生素C

含有维生素C的食物对眼睛也有益，比如各种新鲜蔬菜和水果，其中尤以青椒、黄瓜、菜花、小白菜、鲜枣、梨、橘子中的含量为高。

★ 钙

钙对眼睛也是有好处的，钙有消除眼肌紧张的作用。豆类、绿叶蔬菜、虾皮含钙量都比较丰富。

★ 维生素B_2

含维生素B_2多的食物有牛奶、瘦肉、鸡蛋、酵母、扁豆等。维生素B_2能维持视网膜和角膜的正常代谢。

甜食过量伤眼睛

甜食中的糖分在人体内代谢时需要消耗大量的维生素B_1，如果宝宝摄入过多的糖，体内的维生素B_1就会相对不足。如果宝宝患有近视，应该尽量少吃甜食，可以多吃些白萝卜、胡萝卜、黄瓜、豆芽、青菜、糙米和芝麻等，这些食物对视力有好处。

少吃辣味食物

由于宝宝年龄小，各项身体器官功能还没有发育完善，给宝宝吃辣味的食物容易引发宝宝上火，过度摄取还有可能导致宝宝眼球血管充血，容易导致视力减退、结膜炎等。

玉米豌豆粥

材料　大米20克，玉米10克，豌豆5克。

做法

① 大米洗净，浸泡半小时。

② 玉米和豌豆均洗净，放入开水中稍烫，去皮捣碎。

③ 将大米和适量水倒入锅中，大火煮开，再放入玉米碎和豌豆碎煮成烂粥。

促进宝宝视力发育

妈妈烹调笔记　煮粥时应把浸泡大米的水也倒入锅中，因为浸泡大米的水富含维生素 B_1。

油菜蛋羹

材料　鸡蛋1个，油菜叶50克，猪瘦肉20克。

调料　盐2克，葱末3克，香油少许。

做法

① 油菜叶、猪瘦肉分别洗净，切碎。

② 鸡蛋磕入碗中，打散，加入油菜碎、猪肉末、盐、葱末和适量凉开水，搅拌均匀。

③ 蒸锅置火上，加适量清水煮沸，将混合蛋液放入蒸锅中，用中火蒸6～8分钟，取出淋香油即可。

补血补铁明目

保护视力

胡萝卜鲜虾小馄饨

材料 鲜虾100克，胡萝卜50克，馄饨皮适量。

调料 香油适量。

做法

① 鲜虾洗净，去虾壳及虾线，切碎。胡萝卜洗净，去皮，切碎。

② 将切碎的鲜虾和胡萝卜碎放入碗中，加少许香油搅拌均匀，包入馄饨皮中。

③ 锅中加水煮沸后下入小馄饨，煮至浮起熟透即可。

妈妈们一定要知道的事

鲜虾小馄饨富含蛋白质、钙、硒和胡萝卜素，能为儿童骨骼发育提供原料，助力骨骼生长，并促进大脑细胞健康发育、保护视力。

促进大脑发育

奶油鳕鱼

材料 鳕鱼100克，奶油10克，鸡蛋15克，面粉、圣女果各20克。

调料 胡椒粉2克，盐1克，姜片5克。

做法

① 鸡蛋打散备用。鳕鱼洗净，加盐、胡椒粉、姜片腌渍30分钟，在其表面刷一层蛋液，再裹匀面粉。圣女果洗净，切块。

② 锅置火上，放入奶油烧化，再放入鳕鱼煎至两面金黄，加圣女果点缀即可。

妈妈们一定要知道的事

鳕鱼含有丰富的DHA和蛋白质，能促进宝宝的骨骼和大脑发育。

山药枸杞糯米羹

材料　山药100克，糯米50克，枸杞子10克。

做法

① 将山药去皮，洗净，切块。将糯米淘洗干净，放入清水中浸泡3小时，然后和山药块一起放入搅拌机中打成汁。

② 将糯米山药汁和枸杞子一起放入锅中煮成羹即可。

健脾益肺
消食化积

奶白鲫鱼汤

材料　鲫鱼250克。

调料　姜片、葱花各5克，盐1克，香油、植物油适量。

做法

① 鲫鱼处理干净，在表面斜划几刀。

② 锅内倒油烧热，炒香姜片，下入鲫鱼小火煎至两面微黄，加入没过鲫鱼的开水大火煮开，加盐调味，撒葱花，淋香油即可。

 妈妈们一定要知道的事

鲫鱼肉质细腻，含锌、钙、磷、铁、蛋白质等营养素。

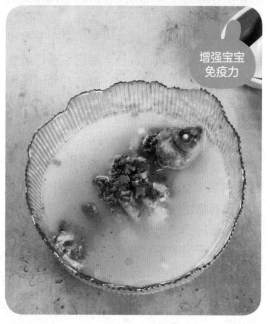

增强宝宝
免疫力

健齿食谱

| 牛奶 | 奶酪 | 虾皮 | 核桃仁 | 洋葱 | 黄豆 | 海带 | 苹果 | 燕麦片 |

能健齿的营养素

★ 矿物质

宝宝牙齿、牙槽骨的主要成分是钙和磷，足够的钙和磷是形成牙齿的基础，多吃富含钙和磷的食物可使牙齿坚固。钙的最佳来源是奶及奶制品，吸收率高，是宝宝理想的补钙来源。粗粮、黄豆、海带、木耳等食物含有较多的磷、铁、锌、氟，有助于牙齿的健康。

★ 蛋白质

富含蛋白质的食物对牙齿的形成、发育、萌出有着重要的作用。蛋白质的种类有动物性蛋白质，如乳类、鱼类、肉类中的蛋白质，也有植物性蛋白质，如谷物、豆类、干果中的蛋白质。充足摄入这两类蛋白质，可促进宝宝牙齿的正常发育，减少牙齿形态异常、牙周组织变性、牙齿萌出延迟及龋齿的发生。

★ 维生素

维生素是调节人体功能的有机化合物，比如钙的沉淀及吸收需要维生素D的协助，牙釉质的形成需要维生素B族和维生素C的参与，牙龈组织的健康需要维生素A、维生素C的扶持，等等。如果宝宝摄入的维生素比例失调，便会造成牙齿发育不全和钙化不良。

控制含糖食物的摄取

大多数爸爸妈妈都知道宝宝多吃糖会生龋齿，吃糖量和龋病的发病率呈正比。爸爸妈妈要让宝宝做到餐前不吃糖，以免降低食欲，影响正餐时营养物质的摄入；睡前不吃糖，以免残留糖液侵蚀牙齿；减少吃糖次数，少吃饼干、蛋糕等黏性甜食；吃糖后要及时刷牙漱口。

健齿食谱推荐

绿豆奶酪

材料 绿豆30克，鲜奶250毫升，琼脂10
克，红枣3颗。

做法

1. 绿豆、红枣淘洗干净，浸泡4小时，放入高
压锅中煮熟。琼脂用热水浸泡。鲜奶倒入锅
中煮沸。

2. 另取锅倒入少许水煮开，放入琼脂煮至溶
化，将其倒入煮开的奶中，小火煮3分钟，
加入煮熟的绿豆、红枣搅匀，倒入杯中晾
凉，凝固后食用即可。

清热解毒
补钙

紫菜鲈鱼卷

材料 鲈鱼肉200克，紫菜1张，鸡蛋清适量。
调料 盐2克。

做法

1. 鲈鱼肉洗净，去净刺，将鱼肉剁成泥，加
入鸡蛋清搅匀，再加盐调味。

2. 紫菜平铺，均匀抹上鱼泥，卷成卷。

3. 锅置火上，倒入适量水，放入鲈鱼卷隔水
蒸熟即可。

健脑
保护牙齿

妈妈
烹调笔记

鲈鱼肉质肥厚鲜嫩，刺少，且没有
腥味，非常适合宝宝食用。

补血益气

洋葱炒牛肉

材料 洋葱丝150克，嫩牛肉60克，鸡蛋清适量。

调料 姜丝、蒜末、葱花、盐、水淀粉、植物油各适量。

做法

① 嫩牛肉洗净，切片，加入鸡蛋清和水淀粉拌匀上浆，冷藏1小时备用。

② 锅中倒油，烧至六成热时放入上浆的牛肉，煸炒至熟，盛出。

③ 底油烧热，爆香姜丝、蒜末、葱花，倒入洋葱丝，放牛肉片，加盐炒匀即可。

健脾开胃

红糖苹果山楂泥

材料 苹果、山楂各25克。

调料 红糖适量。

做法

① 将苹果用清水洗干净，削皮，切片。山楂洗净，去核，切碎。

② 锅内放适量水，将苹果片和山楂碎放在碗内，入锅，隔水蒸烂。

③ 取出碗，加入红糖，与苹果片、山楂碎一起搅拌至呈泥状即可。

燕麦猪肝粥

材料 燕麦35克，猪肝50克。

做法

① 燕麦去杂质洗净，放入锅内，加适量水煮熟至开花，捞出。

② 猪肝剔去筋膜后切片，用清水浸泡30~60分钟，中途勤换水，泡好的猪肝片用清水反复清洗，最后用热水再清洗一遍，放入蒸锅，水开后大火蒸20分钟左右。

③ 把蒸好的猪肝片放入碗中研碎，和煮开花的燕麦一起放入小奶锅中，加适量水，中火熬煮成粥即可。

补钙
预防便秘

芝士芒果奶盖

材料 芒果150克，淡奶油50克，牛奶、奶酪（芝士）各20克。

调料 盐少许。

做法

① 芒果洗净，去皮、核，留下果肉。

② 将淡奶油、牛奶、奶酪、盐放入盆中，打发成细腻奶泡，即为奶盖。

③ 将芒果果肉放入榨汁机中，加入适量饮用水搅打均匀，倒入杯中，加入奶盖即可。

妈妈们一定要知道的事

这道饮品含有钙、维生素D、胡萝卜素等营养素，可以促进宝宝骨骼生长。

开胃健脾
促进骨骼生长

健脾开胃食谱

| 山药 | 小米 | 玉米 | 薏米 | 红豆 | 红枣 | 山楂 | 木瓜 | 莲藕 | 番茄 |

调理宝宝脾胃功能的方法

饮食上，妈妈们要注意变换花样，要清淡少油腻，细软易消化；可以给宝宝吃些能补脾胃助消化的食物，如山药、扁豆等；烹调时，最好把食物制作成汤、羹、糕等，尽量少吃或不吃煎、炸、烤的食物；多给宝宝吃些富含胡萝卜素的食物，比如胡萝卜、南瓜、橘子等，以保护呼吸道和胃肠道的黏膜免受病毒或细菌的侵袭，保护脾胃功能。

忌吃寒凉食物

脾胃最怕寒凉的食物，这个"寒凉"不单单指我们所说的温度低，还指食物的属性，像香蕉、西瓜这些都是寒性食物，宝宝吃多了会影响消化吸收。脾胃不好的宝宝尽量少吃水果，因为水果大多性质寒凉，容易伤脾胃。另外，冰激凌、雪糕等也要少给宝宝吃。

规律进食

规律地进餐，定时定量，可帮助宝宝形成条件反射，有助于消化液的分泌，更利于消化。要做到每餐食量适中，每日三餐定时，到了该吃饭的时间，不管肚子饿不饿，都应让宝宝适当进食，避免过饥或过饱。另外，饮食的温度应以不烫不凉为度。

多吃甘淡的东西

"甘"就是食物里面自有的甜，比如咀嚼米饭或馒头时感觉出来的甜味，再比如红薯、南瓜的甜，而淡则是平淡的味道。家长绝不能用重口味的食物调孩子的脾胃，一旦被调得口味重了，往后就无法适应甘淡的味道了，必然导致脾胃失调。适合孩子常吃的甘淡类食物有薏米、南瓜、番茄等，有利于健脾开胃。

红豆山楂米糊

材料 红豆、大米各50克，山楂10克。

做法

① 红豆洗净，浸泡4～6小时。大米淘洗干净，浸泡2小时。山楂洗净，浸泡半小时，去核。

② 将全部食材倒入全自动豆浆机中，加水至上、下水位线之间，按下"米糊"键，煮至豆浆机提示米糊做好即可。

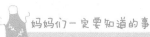 妈妈们一定要知道的事

宝宝空腹时不宜吃山楂；吃完山楂后要及时漱口，以防损害宝宝的牙齿。

健脾祛湿 助消化

山药羹

材料 山药100克，糯米50克，枸杞子少许。

做法

① 山药去皮，洗净，切块。糯米淘洗干净，放入清水中浸泡3小时，然后和山药块一起放入搅拌机中打成汁。

② 将糯米山药汁和枸杞子一起放入锅中煮成羹即可。

妈妈们一定要知道的事

山药处理得越细碎宝宝越容易消化吸收。

健脾益气 增进食欲

红豆薏米粥

材料　红豆、薏米各50克。

调料　冰糖适量。

做法

① 红豆、薏米洗净，浸泡4小时。

② 锅内加适量清水、薏米、红豆大火烧开，转小火煮熟，加冰糖煮至溶化即可。

薏米不容易煮得软烂，所以可以多焖一些时间。

木瓜芒果豆浆

材料　黄豆50克，木瓜、芒果肉各35克。

做法

① 头天将黄豆洗净，浸泡一晚上。芒果肉切丁。木瓜去皮，除籽，洗净，切小块。

② 将上述食材一同倒入全自动豆浆机中，加水至上、下水位线之间，按下"豆浆"键，煮至豆浆机提示豆浆做好，过滤后即可饮用。

番茄枸杞玉米羹

材料 玉米粒200克，番茄50克，枸杞子10
克，鸡蛋清15克。

调料 盐4克，香油、水淀粉、高汤各适量。

做法

① 玉米粒洗净。番茄洗净，去皮，切小块。
枸杞子洗净。鸡蛋清打匀。

② 汤锅置火上，放入高汤，倒入玉米粒煮
开，转中小火煮5分钟，放入番茄块、枸
杞子烧开，用水淀粉勾芡，加入鸡蛋清搅
匀，加盐调味，淋入香油即可。

强化吸收

糯米藕

材料 莲藕300克，糯米25克。

调料 白糖10克，糖桂花适量。

做法

① 莲藕去皮，洗净，沥干，切下藕节一端。
糯米洗净，浸泡4小时后沥干。

② 糯米中加入白糖拌匀，灌入藕孔中，将切
下的藕节放回原位，用牙签固定。

③ 将藕段用大火蒸1小时，取出晾凉，切
片，摆盘，撒上糖桂花即可。

妈妈
烹调笔记
妈妈在给糯米藕撒糖桂花的时候可以
少放一些，避免宝宝摄入过多的糖。

健脾开胃

润肠排毒食谱

润肠排毒"明星"食材大盘点

| 糙米 | 燕麦片 | 红薯 | 南瓜 | 海带 | 芹菜 | 大白菜 | 香蕉 | 梨 | 动物血 |

宝宝体内可能藏有毒素的表现

★ 便秘

长期便秘，大便不能及时排出体外，肠道会堆积由粪便带来的大量毒素，这些毒素被人体吸收后会引发口臭、胃部不适等症状，还会导致抵抗力下降。

★ 口臭

口臭的形成主要是宝宝长期上火、内分泌失调产生的脾毒所致。因此，要除口臭，关键在除脾毒。

★ 皮肤瘙痒

皮肤是人体最大的排毒器官，皮肤上的皮脂腺和汗腺通过出汗等方式排出其他器官无法排解的毒素。如果皮肤出现瘙痒，意味着皮肤排毒功能下降。

★ 湿疹

湿疹是由新陈代谢过程中产生过多的废物不能及时排出造成的。

警惕可能藏有毒素的食品

1. 腌制食品：腌制类食品加工过程中会加入很多盐，盐中含有亚硝酸盐、硝酸盐等物质，可能产生亚硝酸胺等有害物质，对身体健康不利，会给肾脏带来负担，不宜给宝宝食用。

2. 含铅食品：常见的含铅食品有松花蛋、膨化食品等。铅是一种对神经系统损害非常严重的重金属元素，进入血液后，可引起机体代谢过程的障碍，对全身各组织器官都有损害。

某些天然食物保存或处理不当也可能含有毒素，比如发芽的土豆、没做熟的豆角、半生不熟的豆浆等，这些都不能给宝宝食用。

另外，杯子、暖壶或水壶用久了会产生水垢，水垢中含有较多的有害金属元素，如镉、汞、铝等，如果不及时将这些水垢清除干净，会引起消化、神经、泌尿、循环等系统的病变，不利于宝宝的健康。

瘦肉玉米糁粥

材料 玉米糁200克，猪瘦肉末50克，鸡蛋1个。

调料 盐5克，淀粉适量。

做法

❶ 玉米糁淘洗干净，浸泡6小时，捞出。鸡蛋磕开，搅匀成蛋液。

❷ 猪瘦肉末放入碗中，加盐和淀粉腌渍15分钟。

❸ 锅内倒清水烧沸，放入玉米糁烧开，转小火熬煮1小时，放入猪肉末煮5分钟，淋上鸡蛋液，加盐调好口味即可。

开胃
防便秘

蔬菜卷

材料 春卷皮1张，紫菜1片，生菜30克，胡萝卜丝40克，鸡蛋1个。

做法

❶ 胡萝卜丝入水汆烫，沥干。生菜洗净，撕开。鸡蛋打散成蛋液，煎成蛋皮，切丝。春卷皮上先铺紫菜，再铺上生菜、胡萝卜丝、蛋丝。

❷ 将春卷皮连同食材一起卷起来即可。

妈妈们一定要知道的事

蔬菜卷可以直接让宝宝用手拿着吃，也可以作为外出时的点心，其中含有的碳水化合物可以补充体力，包裹的蔬菜还可以提供维生素和矿物质，营养更全面。

预防便秘
增强记忆力

润肺止咳

蜂蜜蒸南瓜

材料 南瓜50克。

调料 蜂蜜、冰糖各少许。

做法

1. 将南瓜洗净，在瓜顶上开口，挖去瓜瓤备用。

2. 将蜂蜜、冰糖放入南瓜中，盖好，放入盘内，放入蒸锅蒸1小时后取出即可。

润肠通便

鲜笋拌芹菜

材料 鲜竹笋、芹菜各100克。

调料 香油5克，盐3克。

做法

1. 鲜竹笋洗净，焯水，切片，煮熟。芹菜择洗干净，切段，焯水后煮至软烂。

2. 将竹笋与芹菜一同放入盘中，加入香油、盐拌匀即可。

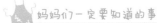
妈妈们一定要知道的事

芹菜含有丰富的膳食纤维，可以促进宝宝肠胃蠕动，润肠通便。

燕麦黑芝麻豆浆

材料 黄豆30克，黑芝麻10克，燕麦20克。
做法

1. 黄豆洗净，浸泡4小时。黑芝麻洗净。燕麦洗净，浸泡4小时。
2. 将黑芝麻、燕麦和黄豆放入豆浆机中，加水至上、下水位线间，接通电源，按"五谷豆浆"键，待豆浆制好即可。

润肠通便

燕麦含有葡聚糖和烟酸，黄豆富含植物固醇，可以增强宝宝的抵抗力。

芋头红薯粥

材料 芋头、红薯各30克，大米50克。
做法

1. 芋头、红薯去皮，洗净，切丁。大米淘洗干净。
2. 锅内加适量清水置火上，放入芋头丁、红薯丁和大米，中火煮沸。
3. 煮沸后，用小火熬至粥稠即可。

促进排便

 妈妈们一定要知道的事

芋头红薯粥能促进消化液分泌及胃肠蠕动，有促进排便的作用。

改善睡眠食谱

| 小米 | 百合 | 牛奶 | 莲子 | 红枣 | 莲藕 | 小麦仁 | 核桃仁 | 蜂蜜 |

晚餐远离三类食物

★ 辛辣的食物

晚餐给宝宝吃辛辣的食物会影响宝宝的睡眠。辣椒、大蒜、洋葱等会造成胃灼烧感和消化不良，进而影响宝宝睡眠。

★ 油腻的食物

宝宝晚餐吃了油腻的食物后会加重肠、胃、肝、胆和胰的工作负担，刺激神经中枢，让它一直处于工作状态，也会导致宝宝睡眠不好。

★ 含咖啡因的食物

很多人都知道，咖啡因会刺激神经系统，还具有一定的利尿作用，也不利于宝宝睡眠。含有咖啡因的食物有巧克力、可乐等。

喝牛奶改善睡眠有讲究

睡前喝杯热牛奶，是改善睡眠的常见做法，因为奶制品含色胺酸——一种有助于睡眠的物质。喝牛奶时宜搭配富含碳水化合物的食物一起吃，这样才能增加血液中有助于睡眠的色胺酸的浓度，而且这样喝牛奶还能消除有些宝宝喝了牛奶后出现的胀气等不适症状。所以，如果要用睡前喝牛奶来改善宝宝睡眠的话，要同时给宝宝吃些馒头片、面包等富含碳水化合物的食物。

晚餐不过饱，睡前不过动

晚餐时不宜让宝宝吃得过饱，因为脾胃晚上也需要休息，晚上吃得太饱会加重脾胃的负担，扰动脾胃的阳气，从而影响宝宝睡眠。宝宝晚餐宜吃七八分饱，并且食物的口味尽量清淡。

睡前30分钟不宜让宝宝看电视、听音响、嬉闹玩耍或剧烈运动，这是因为电视、音响等的画面或响动能够刺激宝宝大脑神经兴奋，影响睡眠。

牛奶小米粥

材料 大米、小米各30克，牛奶150克。

做法

1️⃣ 大米、小米分别淘洗干净，大米浸泡30分钟。

2️⃣ 锅置火上，倒入适量清水煮沸，放入大米和小米，先以大火煮至米涨开，倒入牛奶继续煮，再沸后，转小火熬煮，并不停搅拌，一直煮到米粒烂熟即可。

养心安神
促进睡眠

红枣山药粥

材料 山药60克，大米50克，薏米10克，红枣25克。

做法

1️⃣ 将红枣用沸水烫涨发后去核。山药去皮，切丁。大米淘洗干净。薏米淘洗干净后用清水浸泡2~3小时。

2️⃣ 将大米和薏米放入水中大火熬15分钟，加入红枣、山药丁，用小火再煮10分钟即可。

益智安神
健脾胃

滋阴润燥

百合炖雪梨

材料 雪梨 150 克，干百合 10 克。
调料 冰糖适量。
做法

❶ 雪梨洗净，去核，连皮切块。
❷ 锅内倒入适量清水，加入雪梨块、泡好的百合大火烧开，转小火慢炖30分钟，加冰糖煮化即可。

补气
增强体质

板栗莲子山药粥

材料 大米40克，板栗肉、山药各70克，莲子10克。
做法

❶ 大米、板栗肉洗净。山药去皮，洗净，切小块。莲子洗净，浸泡4小时。
❷ 将大米、莲子、板栗肉、山药块一同放入电饭锅中，加适量水，按下"煮粥"键，煮熟即可。

妈妈
烹调笔记

最好用去掉心的莲子，避免宝宝吃到苦味而抗拒饮食。

红枣核桃米糊

材料 大米50克，红枣20克，核桃仁30克。

做法

① 大米淘洗干净，用清水浸泡2小时。红枣洗净，用温水浸泡30分钟，去核。

② 将食材倒入全自动豆浆机中，加水至上、下水位线之间，按"米糊"键，煮至提示米糊煮好即可。

补血益气
提高记忆力

牛奶玉米粥

材料 牛奶250毫升，玉米面50克，碎肉蓉适量。

调料 黄油、盐各适量。

做法

① 锅内倒入适量清水、碎肉蓉，小火煮开。

② 玉米面用少许水调稀，倒入煮开的肉蓉汤中，边倒边搅拌，小火煮3~5分钟，加盐，加入牛奶，继续煮至黏稠。

③ 将粥盛入碗中，加入黄油搅匀，凉至温热即可。

妈妈
烹调笔记

玉米和牛奶的搭配能让宝宝睡眠更好，淡淡的奶香味混合玉米的甜香会让宝宝食欲增加。

增强食欲

祛火食谱

绿豆　苦瓜　黄瓜　白萝卜　芹菜　梨　西瓜　冰糖　百合　蜂蜜

少吃易上火的食物

要预防宝宝上火，注意饮食很重要，不要给宝宝吃辛辣刺激性食物、胆固醇和糖含量较高的食物及过于油腻性的食物，这些都容易引起上火，如巧克力、炸鸡、炸薯条、汉堡等。此外，荔枝属于热性水果，民间有"一颗荔枝三把火"的说法，不可多吃。

宝宝祛火饮食要点

★ 常吃新鲜水果和蔬菜

新鲜的水果和蔬菜除了含有大量水分外，还富含维生素、矿物质和膳食纤维，这些营养素可以起到清热解毒的作用。例如，香蕉具有润肠的效果，黄瓜、番茄、梨、橙子、西瓜等都是常见的清润降火的美味蔬果。

★ 饮水充足

宝宝上火会消耗体内的水分，应当给宝宝多喝些白开水，既可以补充丢失的水分，又能清理肠道，排出废物，唤醒消化系统，恢复身体功能，清洁口腔，等等。宝宝上火时如果不喜欢淡而无味的白开水，也可给宝宝喝些柠檬水。

★ 饮食应注重平衡和清淡

少吃辛辣、油炸、三高（高脂肪、高蛋白、高糖）食品，尽量做到肉、蛋、奶、蔬菜均衡摄取，不要暴饮暴食，因为食物积聚在胃肠道很容易使人上火。

绿豆莲藕汤

材料　绿豆150克，莲藕100克。

调料　桂花酱适量。

做法

① 将绿豆洗净。莲藕洗净，切丁。

② 绿豆放入锅内煮至开花，放入藕丁，搅拌一下，继续煮一会儿，最后放入桂花酱搅匀即可。

改善
牙龈肿痛

妈妈们一定要知道的事

绿豆煮至熟透但不开花时祛火效果最好。

姜汁黄瓜

材料　黄瓜1根。

调料　生姜5克，香油、盐各适量。

做法

① 黄瓜洗净切块，加盐腌制1小时，沥出盐水备用。

② 生姜捣碎，加水约10毫升，沥出姜汁备用。

③ 将姜汁淋在黄瓜块上，淋上香油拌匀即可。

缓解
上火症状

妈妈
烹调笔记

新鲜黄瓜中的维生素C含量由高至低依次为皮、籽、肉，所以黄瓜最好连皮一起吃，不要削皮。

清润祛火

山药苹果汁

材料 山药100克，苹果150克，酸奶250克。
做法
① 山药去皮，洗净，切小块，蒸熟备用。苹果洗净，去皮、核，切丁。
② 将所有食材一同放入榨汁机中搅打成汁后倒入杯中即可。

妈妈们一定要知道的事

苹果富含钙矿物质和维生素，和山药一起搭配食用可以滋养身体，强健宝宝的脾胃。

温和补气

萝卜炖羊肉

材料 羊肉100克，白萝卜200克。
调料 葱段、姜片、花椒、盐、香油各适量。
做法
① 羊肉和白萝卜分别洗净，切块。
② 砂锅中加适量水，将羊肉块、白萝卜块、葱段、姜片、花椒放入，大火煮开后改小火炖至肉烂，加盐和香油调味即可。

芹菜拌腐竹

材料 水发腐竹200克，芹菜100克，胡萝卜50克，熟白芝麻少许。

调料 盐1克，香油适量。

做法

❶ 水发腐竹洗净，切段。芹菜洗净，切段。胡萝卜洗净，切丁。

❷ 将水发腐竹段、芹菜段、胡萝卜丁依次焯水后放盘中，加入熟白芝麻、盐拌匀，淋上香油即可。

增进食欲 降火

妈妈们一定要知道的事

这道菜富含膳食纤维、胡萝卜素、蛋白质、钙等，能帮助宝宝增进食欲，降火气。

冰糖银耳莲子汤

材料 去心莲子80克，银耳10克。

调料 桂花、冰糖各少许。

做法

❶ 莲子泡发后用温水洗净，倒入碗中，加入沸水漫过莲子，浸泡30分钟备用。

❷ 银耳用温水泡软，待其涨发后，将根蒂洗净，撕成小朵，将银耳与莲子一同上屉蒸熟备用。

❸ 锅中倒入适量清水，加入桂花、冰糖烧沸，将浮沫撇净，装入汤碗中，将蒸熟的莲子和银耳沥去原汤倒入汤碗中搅匀即可。

滋阴润肺

乌发护发食谱

黑豆　黑芝麻　花生　核桃　木耳　海带　动物肝脏　虾　绿叶蔬菜

宝宝头发枯黄的原因

1. 甲状腺功能减退。
2. 高度营养不良。
3. 重度缺铁性贫血。
4. 大病初愈。

这些原因可导致宝宝体内黑色素减少，使让头发乌黑的基本物质缺乏，黑发逐渐变为黄褐色或淡黄色。

营养不良性黄发的饮食对策

应注意调配饮食，改善宝宝身体的营养状态。鸡蛋、瘦肉、大豆、花生、核桃、黑芝麻中不仅含有大量蛋白质，还含有构成头发的主要成分胱氨酸及半胱氨酸，是养发护发的最佳食品。

酸性体质黄发的饮食对策

血液中酸性毒素增多与给宝宝喂食过多的甜食、大鱼大肉有关，应多给宝宝吃些海带、鱼、鲜奶、豆类、蘑菇等。此外，多吃新鲜的蔬果，有利于中和体内酸性毒素，改善头发发黄的状态。

能乌发护发的营养素

在饮食上应注意多给宝宝吃含铁和铜的食物。含铁多的食物有动物肝脏、蛋类、木耳、海带、大豆、芝麻酱等，含铜多的食物有动物肝脏、虾蟹类、坚果和干豆类等。

缺乏维生素B_1、维生素B_2、维生素B_6也是造成宝宝头发发黄发灰的一个重要原因，应给宝宝增加富含这类营养素的食物，如谷类、豆类、干果、动物肝脏、奶类、蛋类和绿叶蔬菜等。

中医学认为"发为血之余"，常给宝宝吃些能补血的食物也可起到乌发润发的作用。

另外，头发黑色素形成的基础物质是酪氨酸，酪氨酸缺乏也会造成宝宝头发黄。因此，应多吃一些富含酪氨酸的食物，如鸡肉、瘦牛肉、瘦猪肉、兔肉、鱼及坚果等。

麻酱花卷

材料 自发粉500克。

调料 芝麻酱、植物油各适量。

做法

① 自发粉倒入盆中，加温水揉成柔软光滑的面团，盖上湿布饧30分钟。芝麻酱倒入小碗中，加少量植物油搅拌均匀。

② 面团饧好后擀成大片，把芝麻酱倒在面饼上抹匀，把面饼卷起来，切成花卷生坯。

③ 将做好的花卷生坯放到屉上，冷水蒸至开锅，转中火蒸25分钟即可。

增加毛发中的黑色素

猪肝摊鸡蛋

材料 猪肝50克，鸡蛋1个。

调料 盐2克，植物油适量。

做法

① 猪肝洗净，用热水焯过后切碎。鸡蛋打到碗里，放入猪肝碎和盐搅拌均匀。

② 锅置火上，放植物油烧热后倒入蛋液，将鸡蛋两面煎熟即可。

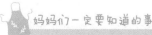

妈妈们一定要知道的事

猪肝胆固醇含量较高，身体肥胖的宝宝应少吃。

令头发亮泽、不易折断

家常木耳炒山药

材料 山药片200克，胡萝卜片50克，水发木耳15克。

调料 葱末、姜末各3克，香菜、盐、植物油各适量。

做法

① 将山药片焯一下后捞出。木耳撕小朵。

② 油锅烧热，爆香葱末、姜末，放入山药片翻炒，倒入胡萝卜片、木耳炒熟，加盐调味，撒上香菜即可。

清肺祛痰

圆白菜炒番茄

材料 圆白菜150克，番茄、柿子椒各50克。

调料 蒜片5克，十三香、盐、醋、植物油各适量。

做法

① 圆白菜洗净，切丝。番茄洗净，切块。柿子椒洗净，去蒂及籽，切条。

② 锅内倒油烧热，放入蒜片炒香，再放入圆白菜丝、番茄块、柿子椒条翻炒至熟，加盐、十三香、醋调味即可。

提高食欲

妈妈烹调笔记 烹调时适当加点醋，不但使菜脆嫩好吃，而且可以减少维生素C的破坏。

核桃豌豆羹

材料 核桃仁、豌豆各50克。

调料 藕粉10克，白糖15克。

做法

① 豌豆煮熟烂，捣成泥。

② 核桃仁去皮，炸透，剁成末。

③ 锅中加水煮开，加入白糖和豌豆泥，搅匀煮开。

④ 加入藕粉调成糊，撒上核仁末即可。

乌发清肠

黑芝麻小米粥

材料 小米50克，黑芝麻10克。

调料 白糖2克。

做法

① 小米洗净。黑芝麻洗净，晾干，研成粉。

② 锅置火上，加入适量清水，放入小米，大火烧沸后转小火熬煮。

③ 小米熟烂后，加白糖调味，慢慢放入芝麻粉，搅拌均匀即可。

强化吸收

祛湿食谱

祛湿"明星"食材大盘点

薏米　绿豆　红豆　蚕豆　黑豆　冬瓜　鲤鱼　丝瓜　苦瓜　扁豆

夏季要注意给宝宝祛湿

夏季天气炎热，温度高，湿度大，尤其是南方地区，夏季通常是一年四季中最为潮湿的季节，过多的湿气很容易通过皮肤进入宝宝体内，湿气太重容易伤脾，所以夏季要注意给宝宝祛湿。

夏季宜给宝宝吃些口味清淡、爽口、易消化的食物。饮食不要油腻，少吃些肉，因为肉不容易消化，在胃中停留时间长，容易使宝宝感到腹胀，天气炎热还会加剧宝宝不思饮食的情况。夏季宝宝爱出汗，体内水分蒸发过多，消化液分泌大为减少，胃肠消化功能减弱，如果再吃些不易消化的肉食，势必会加重胃肠负担，影响消化。

另外，还应适当给宝宝多吃一些能消暑的食物，比如西瓜、苦瓜、黄瓜、绿豆等，以减少体内的积热。宝宝在夏季出汗较多，体内的水分流失较多，应多次、少量地补充水分，以温开水、绿豆汤、酸梅汤、矿泉水、西瓜汁等最为适宜，最好不喝碳酸饮料和含糖饮料。

少吃热带水果和海鲜

很多热带特有的水果，比如菠萝蜜、榴莲、芒果等，都是会加重体内湿气的食物。天气炎热潮湿的夏季不宜给宝宝吃这些食物，特别是当明显感到潮湿环境给宝宝带来不适时。除了热带水果，虾、蟹等海鲜也会助长体内的湿气，如果想给宝宝吃海鲜，可以用鲤鱼、鲫鱼这类有祛湿功效的河鲜代替。

红豆薏米糊

材料 薏米50克，大米、红豆各20克。

做法

① 大米、薏米、红豆淘洗干净，分别用清水浸泡5~6小时。

② 将大米、薏米、红豆倒入全自动豆浆机中，加水至上、下水位线之间，煮至豆浆机提示米糊做好即可。

促进排尿
清热解毒

蒜泥蚕豆

材料 大蒜2瓣，鲜蚕豆100克。

调料 盐2克，醋5克。

做法

① 大蒜去皮，捣成泥，加盐、醋搅拌成蒜泥调味汁。将鲜蚕豆洗净，去壳，煮熟，捞出沥水。

② 将蚕豆放入盘中，浇上蒜泥调味汁，拌匀即可。

妈妈们一定要知道的事

吃蚕豆会发生过敏的宝宝一定不要再吃。

健脾益胃
清热利湿

健脾补气

红豆南瓜银耳羹

材料 水发银耳80克，红豆20克，南瓜50克。

做法

① 水发银耳洗净，切小朵。红豆洗净，浸泡4小时。南瓜洗净，去皮及瓤，切小丁。

② 将银耳和红豆放入锅中，加清水稍微没过食材，盖上盖，大火烧开后转中火煮1小时，再放入南瓜丁，煮至南瓜软烂即可。

🍳 妈妈们一定要知道的事

红豆南瓜银耳羹含有铁、维生素C、胡萝卜素、膳食纤维等，能促进宝宝生长发育、保护视力。

清热祛湿

清炒扁豆丝

材料 扁豆200克。

调料 蒜末5克，盐2克，植物油适量。

做法

① 扁豆去老筋，洗净沥干，切丝。

② 锅内倒油烧热，放入蒜末煸香，放入扁豆丝翻炒，加盐调味即可。

荷叶冬瓜粥

材料 冬瓜250克，粳米30克，干荷叶10克。

调料 白糖适量。

做法

① 干荷叶洗净，切粗丝，加水煎汤至剩500
毫升，过滤后取汁备用。

② 冬瓜去皮、瓤，洗净，切小块。

③ 砂锅内加水，烧开，加入粳米、冬瓜块，待
粥煮至黏稠时，加入荷叶汁和白糖即可。

清热解毒

妈妈们一定要知道的事

冬瓜清热生津，干荷叶清热解暑。此粥适合因
在夏季感受湿热邪气引发感冒的宝宝食用。

薏米橘羹

材料 橘子300克，薏米100克。

调料 水淀粉适量。

做法

① 将薏米淘洗干净，用冷水浸泡2小时。将
橘子剥皮，掰成瓣，切块。

② 锅置火上，加入适量清水，放入薏米，用
大火煮沸后改小火慢煮。

③ 薏米烂熟后加橘子块烧沸，用水淀粉勾稀
芡即可。

提高食欲
祛湿

润肺食谱

多吃白色食物

按照中医学五色入五脏的说法，白色食物润肺、清肺效果最佳。常见的白色食物有很多，比如蔬菜中的白萝卜、白菜、菜花、荸荠、莲藕等，水果中的甘蔗、雪梨等，其中雪梨的水分多，性略寒，可以起到生津润燥、清热化痰的作用。另外，葡萄、石榴、柿子和柑橘虽然不是白色的，但也都是不错的养肺水果。肉类中的猪肝有不错的养肺功能，可以祛肺火，对缓解干咳无痰等症状有一定效果。

食物生吃与熟吃的润肺效果不同

想要给宝宝润肺，不仅要选好食物，还要注意吃法和烹饪手法。其中，莲藕的清热润肺效果虽好，但要生吃才行，熟吃起到的是健脾开胃的作用；雪梨生吃可清肺热、祛实火，熟吃则主要是清虚火；白萝卜生吃能清肺热、止咳嗽，熟吃则能化痰。

秋季润肺宜多喝水

秋季气候干燥，宝宝的身体会丢失大量水分，每天要至少比在其他季节时多喝500毫升的水来及时补足水分的损失，以保持呼吸道的正常湿润度。还可直接将水"摄"入呼吸道，方法是将热水倒入杯中，让宝宝用鼻子对准杯口吸入水蒸气，每次10分钟，每天2～3次即可，利用温热湿润的水蒸气湿润宝宝的呼吸道。

润肺食谱推荐

鲜藕梨汁

材料 新鲜莲藕200克，鸭梨1个。

做法

① 莲藕洗净，去皮，切小块。鸭梨洗净，去皮去核，切小块。将莲藕和鸭梨一起放入搅拌机中搅碎。

② 用消毒纱布过滤掉食物残渣，取汁饮用即可。

 妈妈们一定要知道的事

秋天上市的莲藕营养丰富，还能预防秋燥，所以秋天适合给宝宝常吃些藕。

预防秋燥

鲜白萝卜汤

材料 白萝卜200克。

调料 姜片、盐各适量。

做法

① 白萝卜洗净，切小片，同姜片一起放入锅中。

② 锅中加适量水，大火煮至白萝卜片熟透，加适量盐调味即可。

 妈妈们一定要知道的事

白萝卜性偏寒凉，脾胃不好的宝宝应少吃。

止咳化痰
清热降火

润肺止咳

苹果荸荠银耳汤

材料 苹果100克，荸荠80克，银耳10克，枸杞子、陈皮各3克。

做法

1. 将苹果洗净，去皮，去核，切块。荸荠去皮。将银耳泡发，去黄蒂，撕成小朵备用。

2. 锅中放适量清水，放入陈皮，待水煮沸后将陈皮捞出，然后放入苹果块、银耳和荸荠，转小火继续煮半小时，加入枸杞子再煮1分钟即可。

妈妈们一定要知道的事

苹果荸荠银耳汤可以润肺，还可帮助宝宝胃肠蠕动。

补气健脾

山药莲子粥

材料 山药40克，莲子10克，大米20克。

做法

1. 莲子提前用水浸泡3小时。

2. 大米淘洗干净后放入锅内，加入泡好的莲子。

3. 山药去皮，用清水洗净表面的黏液，切小块放入锅内。

4. 加入1000毫升开水，小火煮2小时即可。

妈妈烹调笔记 食用时可以放少许白糖。

荸荠豆腐汤

材料 老豆腐100克，紫菜5克，荸荠10个。

调料 葱花、姜片、盐各3克。

做法

1. 荸荠洗净，去皮，切块。豆腐洗净，切丁。紫菜洗净，撕成小块。

2. 锅中倒入适量清水，大火烧开，放入姜片、荸荠块、豆腐丁，再次烧开后转小火煮15分钟，放入紫菜稍煮，加盐调味，撒入葱花即可。

增强宝宝
免疫力

山药二米粥

材料 小米、大米各15克，山药40克，枸杞子3克。

做法

1. 枸杞子洗净。大米淘洗干净，浸泡30分钟。小米淘洗干净。山药去皮，洗净，切丁。

2. 锅内放入清水烧开，放小米、大米、山药丁，大火煮开后转小火熬煮30分钟，加枸杞子煮1分钟即可。

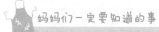
妈妈们一定要知道的事

山药有生津益肺、补脾养胃的功效，经常食用山药，对脾肺虚弱、容易感冒咳嗽的宝宝很有好处。

生津益肺

补肝食谱

| 青豆 | 绿豆 | 胡萝卜 | 葡萄 | 红枣 | 枸杞子 | 黑芝麻 | 动物肝脏 | 香菇 |

护肝常吃绿色食物

中医学有"青色入肝"一说，绿色食物有益肝气循环、代谢，还能消除疲劳，舒缓肝郁，常吃些深色或绿色的食物能起到养肝护肝的作用。给宝宝护肝不妨多吃绿色的水果和蔬菜，如西蓝花、菠菜、油菜、猕猴桃、青苹果等。

多吃酸味食物

中医学认为酸味入肝，所以日常给宝宝多吃酸味的食物可以达到养肝的目的，如山楂、葡萄等。肝气旺盛的季节，比如春季，暂时不宜给宝宝多吃酸味食物，否则容易造成肝气过盛，而秋季肝气较弱，可以多吃酸味食物养肝。

保持清淡的口味

宝宝吃的食物都以清淡为主，应多吃些新鲜的蔬果等，不能吃生冷、油腻、辛辣刺激的食物，油炸类食品含有较多反式脂肪酸，尽量也不要吃。当然，不管什么食物，都不能食用过量，过量同样也会加重宝宝的肝脏负担。

另外，宝宝每天都要摄入充足的水分，适当多喝些水有助于促进血液循环，促进新陈代谢，还有利于消化吸收和排出废物，减少代谢产物和毒素对肝脏的损害。

远离食物污染

远离含有增白剂或添加剂的食品，如罐头、香肠等；不吃熏烤食物及变质食物，如烂姜、发芽的土豆等；尽量选购农药污染轻或不用农药的蔬菜，并多用清水冲洗，吃瓜果前要削皮。

黑米青豆豆浆

材料 黄豆50克，黑米、青豆各20克。

做法

① 黄豆、青豆洗净，用清水浸泡10~12小时。黑米淘洗干净，用清水浸泡2小时。

② 把上述食材一同倒入全自动豆浆机中，加水至上、下水位线之间，煮至豆浆机提示豆浆做好即可。

养肝护肝
明目

妈妈烹调笔记　青豆也可以换成养肝效果同样不错的绿豆。

胡萝卜羹

材料 胡萝卜120克，肉汤100克。

调料 黄油适量。

做法

① 将胡萝卜蒸熟并捣碎，加入肉汤，倒入锅中同煮。

② 胡萝卜熟烂后再放黄油，用小火略煮一下即可。

健脾和胃
补肝明目

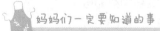

妈妈们一定要知道的事

胡萝卜与富含油脂的食物一同烹调，能促进其所富含的胡萝卜素被更好地吸收。

养肝护肝

西蓝花香菇豆腐

材料 西蓝花50克，熟鸡蛋10克，鲜香菇、
豆腐各80克。

调料 高汤适量。

做法

① 西蓝花洗净，切小朵。鲜香菇去柄，洗
净，切小丁。熟鸡蛋剥壳，切碎蛋白，研
碎蛋黄。豆腐切块。

② 锅中加清水煮沸，加高汤、西蓝花、香菇
丁和熟鸡蛋碎煮开，继续煮1分钟，放入
豆腐块煮开即可。

妈妈们一定要知道的事

本品可健脾胃、益气血，提高孩子的免疫力。

促进代谢
消除疲劳

鸡蓉玉米青豆羹

材料 玉米粒100克，鸡脯肉50克，青豆
30克。

调料 盐2克，水淀粉15克，植物油适量。

做法

① 玉米粒、青豆分别洗净，沥干。鸡脯肉洗
净，剁成鸡肉蓉。

② 锅内倒油烧至五成热，放入鸡肉蓉炒散，
加入玉米粒、青豆和适量清水煮沸，再加
盐调味，并用水淀粉勾芡即可。

胡萝卜小米粥

材料 小米50克，胡萝卜60克。

做法

① 将小米淘洗干净，熬成小米粥。

② 将胡萝卜洗净，切小块，蒸熟。

③ 将胡萝卜块与小米粥混合，搅拌均匀即可。

护肝

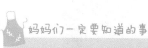
妈妈们一定要知道的事

这款米粥含有丰富的胡萝卜素、维生素B族、烟酸等营养物质，宝宝食用可以健脾和胃、护肝。

山楂红枣汁

材料 山楂30克，红枣3颗。

做法

① 山楂洗净，去核，切碎。红枣洗净，去核，切碎。

② 将山楂碎、红枣碎及适量清水放入榨汁机中榨汁即可。

消食化浊

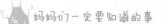
妈妈们一定要知道的事

山楂红枣汁含有山楂酸、柠檬酸和黄酮类化合物等，能消食化浊、保护肝脏。

第六章

小儿疾病调养食谱
好得快，少遭罪

感冒调养食谱

感冒是宝宝最常见的疾病之一。在刚出生的2年内，大多数宝宝都会感冒很多次，上了幼儿园后以后和很多其他宝宝接触，也会导致患感冒的次数增加。虽然宝宝容易患上感冒，但大多数情况下感冒都会自行痊愈，不会诱发更严重的疾病。

宝宝感冒时的表现及具体病因

1 宝宝高热无汗、头痛困倦、厌食不渴、呕吐或鼻塞、流涕、咳嗽、舌质红、舌苔白腻或黄腻，这属于暑湿感冒，大多是因为夏季潮湿炎热，宝宝贪凉或食生冷食物导致的。爸爸妈妈此时应尽量别让宝宝长时间待在低温空调屋里，也不要让宝宝吃生冷食物，如雪糕等。

2 宝宝出现寒战、发热、喉咙痛、肌肉痛、头痛、咳嗽、虚弱无力等症状，而且有时伴随呕吐，这属于流行性感冒，大多是由感染流感病毒引起的，大量流行于秋冬季节。流行期宝宝应尽量少去人多的地方，防止感染。

3 宝宝出现突然怕冷怕风，甚至开始打寒战，无汗，并有鼻塞、流清涕、咳嗽、头痛、周身酸痛、食欲减退等症状，但大小便正常，这属于风寒感冒，大多是外感风寒所致，常见于冬春季节。这时期的爸爸妈妈要及时给宝宝添衣，避免宝宝受风寒。

4 宝宝出现发烧、鼻子堵塞、流浊涕、咳嗽声重或有黄痰、咽干痛痒、大便干、小便黄等症状，则属于风热感冒，大多是由外感风热导致的，常见于夏秋季节。这时期的爸爸妈妈要在气温升高时及时给宝宝减衣服，避免宝宝受热。

预防宝宝感冒这样做

★ 宝宝应多补充抗感冒的营养素

维生素A

冬春季节宝宝体内缺乏维生素A容易患上呼吸道感染。

胡萝卜、苋菜、菠菜、南瓜等红黄色蔬果，以及动物肝脏、奶类等食物都含有丰富的维生素A。宝宝必要时可以口服维生素A制剂，婴儿每日用量为0.45~0.90毫克，幼儿每日用量为0.90~1.50毫克。

锌

锌元素是不少病毒的"克星"，在感冒高发季节多给宝宝吃些富含锌的食物有助于提高机体抵抗病毒的能力。

肉类、海产品和禽肉中含锌量最为丰富。此外，各种豆类、坚果类及各种种子也是较好的含锌食品。

维生素C

维生素C有间接促进抗体合成、增强免疫力的作用。番茄、苋菜、红萝卜、红枣、红薯等红色果蔬中维生素C的含量比较高。

铁

铁能够提高宝宝的免疫功能，有效对抗感冒病毒。动物血、奶类、蛋类、菠菜、肉类等食物中含铁量比较丰富。

★ 宝宝要注意保暖

宝宝睡觉时最好不要开空调或电风扇，以免宝宝着凉感冒。

如果非要睡在空调房间，可以给宝宝准备一个睡袋。对于3岁以内的宝宝，可以选择有袖子的睡袋；3岁以上的宝宝已经可以完全睡在睡袋里，但要留有伸出手臂的小口，这样宝宝有需要时可以伸出一只小手抓住大人的手。

★ 避免交叉感染

在感冒流行期，不要带宝宝到超市等人群聚集的公共场所，也不要到患感冒的人家里串门或到医院探视患者等，这样能够有效预防宝宝感冒。

★ 宝宝应积极锻炼

多进行日光浴，多爬一爬，多跑一跑，利用自然因素锻炼宝宝的体格十分重要，能增强宝宝的免疫力，有效预防宝宝感冒。

预防
伤风感冒

葱白水

材料 带须的小葱葱白20克，豆豉5克。

做法

❶ 带须的小葱葱白洗净，切段。

❷ 锅中放适量水，加入葱白段、豆豉煮沸，放温，每日饮用300毫升汤汁即可。

妈妈们一定要知道的事

夏季天气炎热，容易出汗，此方辛温解表，所以夏季慎用。

辅助治疗
风寒感冒

生姜梨水

材料 生姜15克，秋梨30克。

做法

❶ 生姜洗净，切薄片。秋梨洗净，去核和皮，切片。

❷ 将秋梨片、生姜片和适量水一起放入锅中煮30分钟，喝汤，吃梨片。

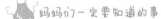

妈妈们一定要知道的事

生姜性温，有发汗解表的功效，对辅助治疗风寒感冒有好处；秋梨性凉，有清热生津的功效，有利于缓解感冒后口渴的情况。

鸡肉木耳粥

材料 鸡腿肉30克，干木耳5克，白粥50克。

做法

① 干木耳用清水泡发，洗净，切成末。鸡腿肉洗净，切成末。

② 锅内白粥煮开后，加入鸡腿肉末，再放入木耳末，中火煮熟即可。

增强免疫功能

 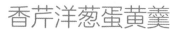 妈妈们一定要知道的事

鸡腿肉富含优质蛋白质，给宝宝做粥吃，营养保留更完整，更容易吸收，有利于增强宝宝的体力。

香芹洋葱蛋黄羹

材料 鸡蛋15克，香芹10克，洋葱40克。

调料 玉米淀粉10克。

做法

① 香芹洗净，切小段。洋葱去老皮，洗净，切碎。鸡蛋取蛋黄，将其打散。

② 锅中加水，放香芹段和洋葱碎煮开，倒入蛋黄液。

③ 玉米淀粉加水搅匀，倒入锅中烧开至汤汁变稠即可。

温补胃肠

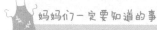 妈妈们一定要知道的事

洋葱有解毒杀菌的功效，香芹有补脾胃、益气的功效，两者搭配食用能发散风寒、增强宝宝免疫力。

发热调养食谱

发热也叫发烧，本身只是疾病的一种症状，是身体为了抵抗病毒与细菌所产生的一种保护性反应。宝宝的腋窝温度在36~37.3℃为正常，超过37.3℃则为发热，超过41℃为超高热，应引起高度重视。

发热作为一些疾病初期的防御反应，能够使身体产生对抗细菌、病毒的抗体，抵抗一些致病微生物对身体的伤害，保持身体健康，但如果宝宝出现高热，会促使宝宝大脑皮层处于过度兴奋或高度抑制的状态，使宝宝出现烦躁不安、昏睡等表现，还能导致宝宝食欲缺乏、便秘等。发热也会加重宝宝身体内器官的"工作量"，导致人体防御疾病的能力下降。如果宝宝出现超高热，有可能会导致大脑的损伤，以及诱发小儿麻痹等其他疾病。

宝宝的体温会出现波动和变化，爸爸妈妈在监测体温的时候为了避免体温测量不准确，应尽量在宝宝吃奶或运动后休息30分钟再测体温。

宝宝发热的表现及具体病因

1 当宝宝出现发热的现象，但进食、睡眠、玩耍都不受影响，精神状态很好时，爸爸妈妈就不必给宝宝吃退热药，也不必太担心，随时关注宝宝的情况就好。

2 当平时喜笑好动的宝宝出现精神萎靡、倦怠的表现，可能就是发热了，发热时也可能伴有面色发红、手脚冰凉、寒战等全身不适现象。发热既可能是细菌、病毒、寄生虫感染等引起的，也可能是脑外伤、血液病、输液反应、中枢神经系统功能失常导致的，爸爸妈妈发现这样的情况后应及时就医，平时要做好宝宝的饮食卫生工作。

预防宝宝发热这样做

★ 坚持母乳喂养

对6个月内的宝宝应坚持母乳喂养，因为母乳能满足6个月内宝宝的全部液体、能量和营养素需要，还能帮助宝宝建立肠道菌群，降低感染性疾病的患病风险，增强宝宝免疫力。

★ 适当运动有利于增强宝宝免疫力

每天抽出一定时间进行运动，能增强宝宝的免疫力，有效预防发热。宝宝可以自己运动，也可以在爸爸妈妈的帮助下进行运动。

宝宝发热的护理方法

★ 基础护理

刚开始发热时，若宝宝打寒战，脸色发白，手脚冰冷，可以给宝宝多穿衣服，保持身体温暖。

如果体温继续升高，宝宝全身发热，应给宝宝穿轻薄的衣服，降低室温，让宝宝感觉凉爽。若宝宝出汗多，要仔细擦干。

★ 注意休息

睡眠状态下消耗的热量比在活跃状态下要低，能够帮助宝宝恢复健康。在宝宝休息期间，应将室温控持在22℃上下，室内空气要流通，保持环境安静，不要打扰宝宝休息。

★ 保持宝宝身体清洁

宝宝发热时，身体排汗会增多，所以爸爸妈妈要帮宝宝及时换内衣，避免被汗浸湿的衣服让宝宝受凉、感到不舒服。此外，爸爸妈妈可以用淡盐水帮助宝宝清洁口腔。

★ 服用退热药

《中国0至5岁儿童病因不明的急性发热诊断处理指南》建议，体温≥38.5℃和（或）出现明显不适时，采用退热药治疗。

一般来说，当宝宝发热并伴有明显不适时，不管体温是否高于38.5℃，都应适当服用退热药物，因为它能缓解宝宝的不适。爸爸妈妈要注意使用退热药降温前一定要咨询医生，避免因用药量不当或有服用禁忌等给宝宝造成伤害。

清热解毒
生津止渴

生菜西瓜汁

材料 生菜50克，西瓜（去皮）30克。
做法
① 生菜洗净，切小片。西瓜去籽，切小块。
② 将生菜片和西瓜块放入果汁机中，加入适量饮用水搅打均匀即可。

妈妈们一定要知道的事

西瓜有清热解毒、生津止渴的功效，和生菜搭配食用能缓解宝宝的发热症状。

清热润肺

荸荠绿豆粥

材料 荸荠30克，绿豆40克，大米20克。
调料 冰糖、柠檬汁各少许。
做法
① 荸荠洗净，去皮切碎。绿豆洗净，用水浸泡4小时。大米洗净，用水浸泡30分钟。
② 锅置火上，倒入荸荠碎、冰糖、柠檬汁和清水，煮成汤水。
③ 另取锅置火上，倒入适量清水烧开，加大米煮熟，加入蒸熟的绿豆稍煮，倒入荸荠汤水搅匀即可。

冬瓜荷叶汤

材料 冬瓜30克，鲜荷叶适量。

调料 盐少许。

做法

① 冬瓜洗净，连皮切块。鲜荷叶切碎。

② 将冬瓜块和荷叶碎放入锅中，加水煮汤，汤成后加盐调味即可。

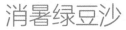 妈妈们一定要知道的事

这款汤有清热、解渴利尿的作用，有利于宝宝降体温、补充水分、加速代谢。

清热化湿

消暑绿豆沙

材料 绿豆60克，陈皮少许。

调料 白糖2克。

做法

① 绿豆洗净，用水泡软，然后倒入锅内煮烂。陈皮洗净，切丝。

② 将煮烂的绿豆用果汁机打碎，再倒入锅内煮开，加入陈皮丝煮到绿豆呈糜状，再加入白糖调味即可。

清热降火

咳嗽调养食谱

咳嗽是宝宝最常见的一种症状。咳嗽是能有效清除呼吸道内的分泌物或进入呼吸道的异物的一种保护性呼吸反射动作，可由肺炎、支气管炎、哮喘等引起。治疗宝宝的咳嗽，最重要的是找到引起咳嗽的原因，然后对症治疗。

宝宝咳嗽的表现及具体病因

1 如果宝宝呼吸频率加快，肋骨和胸骨之间及周围的皮肤随着呼吸向内凹陷，应及时就医。

2 如果咳嗽伴有流鼻涕，且咳嗽持续时间比流鼻涕时间长，还有发热、呼吸过快或过慢、肺部啰音等表现，宝宝可能是患上了肺炎，需要立即就医。

3 宝宝突然咳嗽也可能是被呛到了，这时的咳嗽有助于清除气管内的异物，但若宝宝出现了呼吸困难，应及时就医。爸爸妈妈千万不要把手伸到宝宝嘴里试图抠出里面的食物，因为这样可能会把食物推到下方，引起气管阻塞。

4 如果宝宝夜间躺下后出现难以停止的咳嗽，这可能是过敏或鼻窦感染引起的慢性咳嗽，应及时就医。如果宝宝患了感冒，可能会出现咳痰，也可能会出现喉咙充血，引发刺激性干咳，应及时治疗感冒。

5 如果宝宝只在夜间咳嗽，可能是宝宝吸入粉尘、螨虫等引起的。这时，爸爸妈妈应注意宝宝居室的环境卫生。

6 患有哮喘的宝宝一般会同时出现咳嗽和哮喘两种情况，且多发生在宝宝玩耍或夜间睡觉时。咳嗽可以直接听见，但哮喘的哮鸣音可能只有医生用听诊器才能听到。一般来说，宝宝在使用了哮喘药后，咳嗽和哮喘都能有所好转。

预防宝宝咳嗽这样做

✦ 预防感冒是关键

防止宝宝咳嗽，预防感冒是关键。宝宝平时要注意锻炼身体，除了新生儿，其他的宝宝只要在天气晴朗、无风时，都要多进行户外活动。宝宝可以到户外进行阳光浴，也可以参加体育活动，增强体质，提高机体的抗病能力，避免呼吸道感染。

✦ 季节交替，注意保暖

季节交替，爸爸妈妈要为宝宝及时增减衣服，以防过冷或过热引起身体不适而诱发咳嗽。

✦ 常开窗通风

要经常开窗通风，保持室内空气清新。如果家庭成员中有感冒者，可用醋熏来为居室消毒，以防传染给宝宝。

宝宝咳嗽的护理方法

✦ 不宜给宝宝洗澡

洗澡会加速血液循环，年龄太小的宝宝会因不愿洗澡而哭闹不休，继而引发咳嗽，这样不仅会使宝宝受凉，还会加重病情。痰多的宝宝还会因洗澡而出现分泌物增加。

✦ 宝宝咳嗽时，这样抱着更舒服

宝宝咳嗽痰多时，爸爸妈妈可将其头部抬高，促进痰液排出，减少腹部对肺部的压力，还可将宝宝竖着抱起，轻轻地抚摩或拍打后背，这样能使宝宝感到舒服一些。

✦ 注意宝宝居室的清洁

爸爸妈妈要注意宝宝居室的清洁，把家中的一些死角打扫干净，比如电脑、茶几下、床下、沙发缝、柜子缝隙等容易积灰的地方，以免宝宝吸入很多灰尘，不利于病情的缓解。此外，宝宝的床单、被褥、毛巾等也应尽可能使用棉制品，而且要经常换洗。

✦ 按揉膻中穴，缓解咳嗽症状

膻中穴在前正中线上，两乳头连线的中点。让宝宝仰卧在床上，妈妈先以拇指按揉膻中穴2分钟，然后两手拇指相对，其余四指分开，自胸骨顺第1～4肋间向外分推至腋中线，如此操作3分钟，可以缓解宝宝的咳嗽症状。

咳嗽调养药食推荐

调理
风寒咳嗽

糖蒜水

材料 大蒜6克，冰糖1粒。

做法

❶ 大蒜瓣洗净，拍碎，放入碗中。

❷ 加入半碗水，放入冰糖，盖上碗盖，放入锅中隔水蒸，大火烧开后，用小火蒸15分钟左右即可。

妈妈们一定要知道的事

大蒜可温中消食、暖脾胃，治疗寒性咳嗽、肾虚咳嗽的效果非常好。冰糖可润肺止咳，对肺燥咳嗽、干咳无痰、咳痰带血都有很好的辅助治疗作用。宝宝可以每日喝2~3次，每次小半碗。

辅治久咳

石菖蒲煎汁

材料 石菖蒲8克。

做法

❶ 将石菖蒲放入锅中，加水250毫升用大火煮沸，然后小火煎20分钟，取汁100毫升。

❷ 再加水200毫升，煎法同前，取汁100毫升。将2次煎汁混合后服用。

妈妈们一定要知道的事

石菖蒲性温，味辛、苦，主入心、胃二经，既能除痰利心窍，又能化湿开胃，可以每日煎1剂，分3次给宝宝服用。本方应在医师指导下服用。

白萝卜山药粥

材料　白萝卜50克，山药20克，大米60克。
调料　香菜末4克，盐2克，香油1克。
做法

① 白萝卜去缨，去皮，洗净，切小丁。山药去皮，洗净，切小丁。大米洗净，用水浸泡30分钟。

② 锅置火上，加适量清水烧开，放入大米，用小火煮至八成熟，加白萝卜丁和山药丁煮熟，加盐调味，撒上香菜末，淋上香油即可。

补肺化痰

蜂蜜蒸梨

材料　雪梨150克，蜂蜜、枸杞子各5克。
做法

① 雪梨用清水洗干净，放入小碗内，用刀削掉顶部，再用小勺将内部的核掏出来。

② 将梨肉挖出一些，放清水、枸杞子、蜂蜜，上锅蒸20分钟即可。

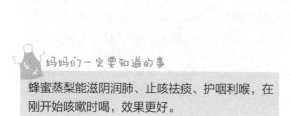

妈妈们一定要知道的事

蜂蜜蒸梨能滋阴润肺、止咳祛痰、护咽利喉，在刚开始咳嗽时喝，效果更好。

滋阴润肺
止咳祛痰

扁桃体炎调养食谱

　　扁桃体是人体咽喉部最大的淋巴组织，而扁桃体炎是扁桃体的急性或慢性炎症，是宝宝最常见的疾病之一。

宝宝扁桃体炎的表现及具体病因

1　　宝宝不愿意吃东西且哭个不停时，爸爸妈妈就要查看一下宝宝的嗓子，看看扁桃体是否红肿。如果发现宝宝扁桃体红肿，则是扁桃体炎，可能是宝宝抵抗力低下、受凉或环境潮湿等，使宝宝的口腔、鼻腔、咽喉部等受到病菌、细菌的侵入从而引起了炎症。这时，爸爸妈妈要注意宝宝的饮食卫生，保持居室内空气流通。

2　　如果宝宝说嗓子痛，并伴有发热、怕冷、头痛等症状，可能是扁桃体发炎了，多是由宝宝偏食、挑食导致营养不良，或平时缺乏锻炼等引起的。这时，爸爸妈妈要帮助宝宝养成良好的饮食习惯，并督促宝宝经常参加体育锻炼。

3　　按照扁桃体炎的症状可分为急性扁桃体炎和慢性扁桃体炎。急性扁桃体炎症状较明显，起病急，宝宝有低热或高热，咽痛，伴有恶寒、乏力、头痛或全身痛、食欲缺乏、恶心和呕吐等症状，扁桃体部位有明显的充血和肿大；慢性扁桃体炎症状较轻，偶尔表现为咽干、发痒、有异物感等，常反复发作，可能会有急性发病史，颈下的淋巴结会经常性肿大，可以摸到球状硬块，肿胀情况可能会持续数周。

预防宝宝扁桃体发炎这样做

★ 增强宝宝身体抵抗力

天气好时，爸爸妈妈要经常带宝宝到户外锻炼，增强宝宝自身的抵抗力。但要注意别带宝宝到环境差、空气污浊的场所，以免感染病菌，引起疾病的发生。

★ 及时给宝宝增减衣物

天气变化或早晚温差大时，要注意给宝宝增减衣服，以防受寒或出汗后受风，引起上呼吸道感染，导致扁桃体炎的发生。

★ 宝宝平常的饮食宜清淡

辛辣、油腻的饮食会对咽部造成刺激，使扁桃体红肿，因此要少给宝宝吃。除此之外，宝宝还应少吃肉、鱼，以免上火。

宝宝扁桃体炎的护理方法

★ 合适的室温能减少对宝宝咽喉部的刺激

宝宝患扁桃体炎后应注意休息，因为患上扁桃体炎后咽喉部不适，呼吸时空气的冷热容易对扁桃体造成刺激，所以爸爸妈妈给宝宝调节室温时应该以宝宝不感觉冷为宜，温度也不宜太高。此外，要保持室内空气清新，避免在室内吸烟，以减少对宝宝咽喉部的刺激。

★ 保持宝宝口腔卫生

宝宝患病后要注意口腔卫生，进餐后用淡盐水漱口，保证口腔清洁。

★ 饮食清淡

宝宝患上扁桃体炎后要保证饮食清淡，不要食用辛辣、过咸的食物，减少对扁桃体的刺激，避免扁桃体炎的病情加重。可以选择吃一些乳类、蛋类等高蛋白食物，以及香蕉、苹果等富含维生素C的食物。

辅食最好选择容易吞咽、容易消化的半流质饮食，米汤、绿豆汤、果蔬泥、蛋汤等都是不错的选择。

★ 食用清热祛火的食物

爸爸妈妈可以给宝宝吃一些清热祛火的食物，比如用金银花、百合、梨、蜂蜜、蒲公英等煮水给宝宝喝。

★ 忌吃生冷食物、鱼腥发物、肥腻食物

生冷的食物容易使宝宝咽喉部的扁桃体血管痉挛收缩，加重炎症，不利于恢复。鱼腥发物能生热聚痰，加重扁桃体炎。肥腻食物容易导致宝宝上火生痰，也会加重病情。

扁桃体炎调养食谱推荐

补充蛋白质
增强体力

豆腐粥

材料 豆腐20克，白粥40克，青菜8克。
做法
① 将白粥放到小奶锅中，加热至稍沸，转为小火。
② 用勺子将豆腐捣碎，加入粥中。
③ 将青菜洗净，剁碎放入锅中，煮沸后关火即可。

润肺排毒

绿豆芽拌豆腐泥

材料 绿豆芽50克，豆腐80克。
调料 小葱花、盐、芝麻油各适量。
做法
① 绿豆芽洗净，切小段，开水焯熟。豆腐洗净，切块，开水焯烫，研磨成泥。
② 将绿豆芽段和豆腐泥混合，加入小葱花、盐、芝麻油拌匀即可。

 妈妈们一定要知道的事

绿豆芽中的维生素C含量比绿豆中的高很多，能够提高宝宝的免疫力，搭配豆腐一起食用，更能起到清热的作用，可预防上火，缓解炎症。

绿豆金银花豆浆

材料 黄豆50克，绿豆30克，金银花5克。

调料 冰糖10克。

做法

① 黄豆用水浸泡8～12小时，洗净。绿豆用水浸泡2小时，洗净。金银花洗净，加清水泡开，泡金银花的水备用。

② 将黄豆、绿豆倒入全自动豆浆机中，加金银花水至上、下水位线之间，按下"豆浆"键，煮至豆浆机提示豆浆做好，过滤后加冰糖搅拌使其化开即可。

缓解
肺炎症状

银耳雪梨豆浆

材料 黄豆60克，水发银耳15克，雪梨5克。

调料 冰糖适量。

做法

① 黄豆用水浸泡8～12小时，洗净。水发银耳择洗干净，撕成小朵。雪梨洗净，去蒂除核，切丁。

② 将黄豆、银耳、雪梨丁一同倒入全自动豆浆机中，加水至上、下水位线之间，按下"豆浆"键，煮至豆浆机提示豆浆做好，加冰糖搅拌均匀即可。

 妈妈们一定要知道的事

这道饮品有滋阴润肺、止咳化痰的功效。

滋阴润肺

腹泻调养食谱

　　小儿腹泻，俗称"拉肚子"，是由多因素引起的以大便次数增多和性状改变为特点的小儿常见消化道疾病。宝宝腹泻有非感染性腹泻和感染性腹泻两大类。

宝宝腹泻表现及具体病因

1 　　宝宝大便呈蛋花汤样，则提示是由病毒性肠炎或致病性大肠埃希菌性肠炎导致的，多是由病菌等随着食物或接触污染的玩具后进入消化道引起的。这种情况下，爸爸妈妈需要注意宝宝的食物和用品的卫生情况。

3 　　宝宝拉黄色稀水便，泡沫多、有黏液，还有发霉气味，或呈豆腐渣样，则可能是病菌感染引起的肠炎导致的，这时应让宝宝吃些易消化的食物，多补充水分。

2 　　宝宝大便呈水样，不是拉出来的而是"喷"出来的，则多是由食物中毒或急性肠炎导致的，要注意检查宝宝吃的食物是否有腐败的情况。

4 　　宝宝拉出来的是鲜红色大便，说明宝宝胃肠道有破损渗血的地方，应及时就医。

5 宝宝每天大便量不多，但次数达10余次，大便中含有少量的水分，没有特殊的酸臭味或腥臭味，则属于生理性腹泻，常见于母乳喂养的宝宝。如果宝宝腹泻，但发育良好，体重正常增加，精神状态好，这种腹泻一般可自愈。

预防宝宝腹泻这样做

★ 坚持母乳喂养、及时添加辅食，增强肠道免疫力

母乳是宝宝最理想的食物，能满足6个月以内宝宝所需的全部液体、能量和营养素需求。而满6个月后，单一母乳喂养不能满足宝宝全部的营养需要，这时添加辅食会更有利于宝宝肠道健康菌群生态环境的建立和肠道功能的成熟，有助于增强宝宝的肠道免疫力，可有效预防腹泻。

★ 宝宝要勤洗手

大多数宝宝都喜欢吃手，也喜欢乱抓东西，这很容易导致手部细菌进入宝宝体内，所以爸爸妈妈应该经常给宝宝洗手，饭前便后更要及时给宝宝洗手，尤其是手指缝等地方，否则一旦宝宝感染细菌就容易出现腹泻。

★ 奶具和餐具定时消毒

奶瓶、奶嘴是配方奶喂养宝宝的奶具，如果不注意卫生，很容易滋生细菌，导致肠道感染，引起腹泻。爸爸妈妈可以使用蒸气锅给宝宝的奶瓶和奶嘴消毒，也可以用沸水煮奶瓶、奶嘴来消毒。此外，吃剩下的奶应丢弃，否则也易引起腹泻。

对于开始添加辅食的宝宝，吃饭前要洗手，餐具要经过煮沸消毒，这样可以避免细菌、病毒感染导致的肠道感染，可有效预防腹泻。

★ 吃新鲜蔬果要注意卫生

吃新鲜蔬果之前应用清水浸泡10分钟，再用流动水冲洗干净后才能食用，这样可避免细菌感染和农药残留，有效预防腹泻。

★ 避免长期使用抗生素

当宝宝生病时，很多父母都会给宝宝服用一些抗生素，其实这样做是不对的，因为长期服用抗生素会导致宝宝肠道菌群失调，引起肠炎，进而导致腹泻，所以父母要避免长期给宝宝服用抗生素类药物。

腹泻调养食谱推荐

缓解腹泻

蛋黄胡萝卜泥

材料 鸡蛋1个，胡萝卜40克。

做法

① 胡萝卜洗净，去皮，切块，放入锅中，加适量清水煮软，取出捣成泥。

② 鸡蛋放入锅中煮熟，取蛋黄，加水压成蛋黄泥。

③ 将胡萝卜泥和蛋黄泥混合，用模子刻出小猪的造型即可。

缓解
轻度腹泻

苹果红糖泥

材料 苹果25克。

调料 红糖2克。

做法

① 苹果洗净，削皮，去核，切片，隔水蒸熟。

② 将熟苹果片和红糖一起搅拌成泥即可。

妈妈们一定要知道的事

苹果具有促进消化的作用，可辅助治疗宝宝腹泻。

藕粉桂花糕

材料 藕粉50克，面粉60克，桂花10克。

调料 白糖2克，酵母2克，酸奶适量。

做法

① 将适量白糖、酵母、酸奶一起搅拌均匀，加入桂花和藕粉调匀。

② 倒入面粉，调成面糊，倒入容器中，用保鲜膜盖好，发酵好后，入蒸锅中蒸30分钟即可。

止泻
增强食欲

 妈妈们一定要知道的事

这道甜品有止泻、增强宝宝食欲的功效。

葡萄干土豆泥

材料 葡萄干10克，土豆50克。

调料 白糖2克。

做法

① 土豆洗争，去皮。葡萄干洗争，泡软，切碎。

② 土豆蒸熟，压成土豆泥。

③ 锅置火上，加少量水，放入土豆泥和葡萄干，小火煮熟，加白糖调味，用模子刻成小花的形状，最后用葡萄干点缀即可。

止泻
健脾胃

厌食调养食谱

厌食是指宝宝长期食欲减退，甚至讨厌进食的一种消化功能紊乱性疾病，是儿科临床常见病之一，多发生于宝宝3~6岁时期。

宝宝厌食的表现及具体病因

宝宝偶尔不爱吃饭或短时间食欲缺乏，都是正常现象。宝宝每天的食量也不是一成不变的，今天吃得多了，明天可能就会吃得少一些。如果把宝宝偶尔不爱吃饭当成厌食，强迫宝宝进食，反而会引起宝宝反感。

有些宝宝喜欢在饭前吃大量的高热量零食，这会使血液中的葡萄糖含量过高，没有饥饿感，导致吃正餐的时候没有食欲，过后又以点心充饥，长此以往，形成恶性循环，就会出现厌食。

有的宝宝在进餐前玩耍过度，活动量过大，吃饭时心神未定，自然没有食欲。另外，有的爸爸妈妈总是在宝宝进餐时训斥和数落宝宝，使宝宝进餐时精神紧张，难以唤起食欲。所以，爸爸妈妈应让宝宝在进餐前安静下来，给宝宝创造愉悦的进餐氛围。

一些疾病，如发热等，也可能引起宝宝短时间内没有食欲，但不能将其视为厌食。

预防宝宝厌食这样做

★ 不要在宝宝面前评论饭菜

有些爸爸妈妈自己就有偏食、挑食的习惯，常常无意识地在饭桌上评论某个饭菜好吃或不好吃，潜移默化地会影响宝宝对饭菜的喜好。所以，爸爸妈妈不要在宝宝面前评论饭菜，这样可以预防宝宝厌食。

★ 不要强迫宝宝进食

有些爸爸妈妈为了让宝宝多吃点饭，往往花费大量的心思给宝宝做辅食，但一看到宝宝不爱吃就会生气，下意识地强迫宝宝进食，时间长了就会使宝宝形成见了饭菜就没胃口的习惯。

★ 创造良好的进餐环境

宝宝应该在轻松愉快的环境中进食，因为宝宝的消化系统很容易受情绪的影响，一旦出现精神紧张，食欲就会下降。此外，宝宝进食前，爸爸妈妈应将所有玩具都收起来，避免宝宝边吃边玩，也不要在进食时批评和指责宝宝。

★ 增加宝宝的活动量

宝宝必须每天进行一定量的运动，小一点的宝宝可以由爸爸妈妈抱着蹦一蹦、跳一跳，大一点的宝宝可以自由活动，这样能够帮助消化，让宝宝产生饥饿感，也就不会出现厌食的情况了，但需要注意的是在进食前半小时应避免剧烈运动。

厌食调养药食推荐

健脾饼

材料 白术200克，干姜100克，鸡内金100
克，熟枣肉250克。

做法

❶ 白术、鸡内金研成细末，焙熟。干姜研末。

❷ 上述粉末和枣肉一同捣成泥，做成小饼，
在木炭火上炙干即可。

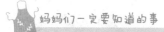
妈妈们一定要知道的事

此方对脾胃湿寒所致的厌食、大便泄泻等症状有
很好的治疗效果，能起到温胃健脾的作用。食用
时应细嚼慢咽，每日2次，每次1~2个即可。

温胃健脾

山楂粥

材料 山楂15克，大米30克。

调料 白糖2克。

做法

❶ 山楂洗净，去核，对半切开。大米洗净，
用水浸泡30分钟。

❷ 锅置火上，加适量水，放入山楂、大米一
起煮至粥烂，加入白糖搅匀即可。

妈妈们一定要知道的事

山药性平，味甘，有开胃消食、化滞消积的功
效，有利于缓解宝宝的厌食症状。

开胃消食

孩子不宜多吃的食物有哪些

蛋糕

蛋糕是高热量、高脂肪的食品，孩子长期食用会引起肥胖。

油炸食品

油炸食品热量很高，孩子长期食用会引起肥胖。

咸鱼

10岁前经常吃咸鱼，成年后癌症的发病率比普通人群高30倍。

泡泡糖

泡泡糖中的塑化剂有微毒，其代谢物苯酚对人体有害。

粉丝

经常大量吃粉丝会发生铝中毒，导致孩子行为异常、智力下降、免疫力下降、反应迟钝、骨骼生长受阻等。

鸡蛋

过量食用鸡蛋容易造成营养过剩，还会增加胃肠、肝、肾的负担，引起功能失调。吃鸡蛋每天不宜超过2个。

罐头

罐头食品多采用焊锡封口，焊条中的铅含量颇高，孩子长期食用可能会引起铅中毒。罐头食品一般含钠量高，多食还可能导致血压升高。

爆米花

爆米花含铅量很高，儿童常吃、多吃易出现慢性铅中毒症状，造成食欲下降、腹泻、烦躁、牙龈发紫、生长发育迟缓等。

方便面

方便面中含有对人体不利的食用色素和防腐剂等，易造成儿童营养失调。

烧烤

儿童常吃羊肉串等烧烤食品，会使致癌物质在体内积蓄，从而使成年后癌症的发病率增高。

巧克力

食用过多巧克力会使中枢神经系统处于异常兴奋状态，产生焦虑不安、心跳加快的表现，还会影响食欲。

碳酸饮料

碳酸饮料饮用过量不但会影响体内钙的吸收，导致骨骼发育缓慢，还可能影响中枢神经系统功能，儿童不宜多喝。